PRAKTIKUM DER HISTOCHEMIE

VON

DR. GUSTAV KLEIN
A. O. PROFESSOR UND LEITER DES PFLANZENPHYSIOLOGISCHEN INSTITUTES DER UNIVERSITÄT WIEN

MIT 64 ABBILDUNGEN

WIEN UND BERLIN
VERLAG VON JULIUS SPRINGER
1929

ERWEITERTE SONDERAUSGABE DES BEITRAGES
„ALLGEMEINE UND SPEZIELLE METHODIK DER HISTOCHEMIE“
IN DER METHODIK DER WISSENSCHAFTLICHEN BIOLOGIE, BD. I

ISBN-13: 978-3-642-47213-8 e-ISBN-13: 978-3-642-47568-9
DOI: 10.1007/978-3-642-47568-9

Softcover reprint of the hardcover 1st edition 1929

Vorwort.

Das Büchlein entstand als Beitrag (Allgemeine und spezielle Methodik der Histochemie) zur „Methodik der wissenschaftlichen Biologie", die eben im gleichen Verlag erschien. Inzwischen hat die Nachfrage nach einer handlichen Anleitung zum Nachweis der Stoffe im Organismus zugenommen. Denn die Histochemie bietet heute nicht nur die Möglichkeit, den chemischen Aufbau der Zelle (Membran, Inhaltsstoffe) zu prüfen und aus der großen Zahl der in der Zelle vorhandenen gelösten Stoffe schon recht viele, in Schnitt und Droge in kleinster Menge nachzuweisen; sie hat sich vielfach schon als die Methode erwiesen, Entstehung, Wandel und Verteilung eines Stoffes im Organismus und während der Vegetationsperiode leicht, schnell, einfach und billigst zu verfolgen. Sie ist damit zu einer *spezifischen Methode der Physiologie*, speziell der physiologischen Chemie, geworden.

Im besonderen aber hat es sich als ein Bedürfnis erwiesen, dem Studenten der Botanik und Pharmakognosie bei den praktischen Übungen im mikrochemischen Nachweis der Stoffe in der Pflanze eine Anleitung und einen Wegweiser in die Hand zu geben.

Aus diesen Gründen beschloß ich mit dem Herrn Verleger, eine kleine Auflage dieses Beitrages, vermehrt um das inzwischen Hinzugekommene, selbständig herauszugeben.

Bei der Abfassung war der Gesichtspunkt maßgebend, die allgemeine Methodik der Histochemie und jeweils die beste Methode des speziellen Nachweises der einzelnen Stoffe mit allen wichtigen Fingerzeigen (Zusammensetzung der Reagenzien, beste Versuchsobjekte usw.) in möglichst prägnanter Weise zu bieten.

Möge das Büchlein in dieser Form dem Studenten und allen an der Histochemie Interessierten recht gute Dienste leisten und der Arbeitsrichtung neue Anhänger werben.

Wien, im November 1928.

G. Klein.

Inhaltsverzeichnis.

I. Grundlagen und Methoden.

a) Bedeutung der Histochemie.

Wie der Anatom und Histologe die Erkenntnis der morphologischen Beschaffenheit und Bauform von Zelle, Gewebe und Organen brachte, so gebührt der Histochemie das Verdienst, der Biologie das Baumaterial, die chemischen Grundlagen der mikroskopisch kleinen Zelle, seiner Bestandteile und Inhaltskörper aufgeklärt zu haben. Nur die mikrochemische Untersuchung gibt vielfach überhaupt die Möglichkeit, Entstehung, Umwandlung und Wanderung der Stoffe, ihre Lagerung, Verteilung und Wandel in der Zelle und durch den ganzen vielzelligen Organismus zu verfolgen und dadurch der Erkenntnis ihrer Genese und ihrer Funktion näherzukommen; sie zeigt der Physiologie die feinsten und verborgensten Details des Zellgetriebes, sie bietet unter Ausnutzung der allgemeinen chemischen Methodik der Chemie wieder wichtige Fingerzeige zur Auffindung, Darstellung und Identifizierung der riesigen Zahl von Naturkörpern. Sie bietet allein die Möglichkeit zur Untersuchung mikroskopischer Organismen, kleinster vorhandener Stücke oder Pulver einer Pflanze usw. Die eminenten Vorteile der Zeit- und Materialökonomie, die Einfachheit der Methodik lernt man erst bei eingehender Arbeit schätzen.

b) Aufgabe.

Die Aufgabe ist also im allgemeinen die, die chemische Beschaffenheit von Zellelementen aufzuklären oder im Schnitt, Pulver usw. einen Stoff eindeutig nachzuweisen und damit sein Vorkommen und seine Verteilung im Organismus zu prüfen.

c) Möglichkeiten und Grenzen.

Da es sich um den Nachweis von Stoffen in mikroskopisch kleinen Zellen oder Gewebestückchen handelt, sind die dabei in Betracht kommenden Stoffmengen natürlich unfaßbar klein, sie bewegen sich den Maßen der Zelle (0,001 mm = 1 mi = 1 μ) entsprechend in Tausendstel Milligramm (1 mi g = 1 γ).

Hierzu ein Beispiel:

Die im Chlorophyllkorn einer Zelle entstehende autochthone Stärke ist mit mittleren Vergrößerungen eben noch gut zu sehen und mit Jodlösung nachzuweisen. Es sind winzige Körnchen und Stäbchen in einem Bestandteil einer mikroskopisch kleinen Zelle. Der Kubikinhalt eines solchen Körnchens ist ca. 2 μ^3, was einem Gewicht von $0{,}0000034\,\gamma = 3{,}4 \times 10^{-6}\,\gamma$ entspricht.

Die kleinste absolute Menge eines Stoffes, die durch irgendeine Reaktion oder Methode noch nachweisbar ist, bezeichnet man als *Erfassungsgrenze.* Sie ist natürlich maximal bei fester Substanz (s. S. 2).

Die Leistungsfähigkeit der Mikrochemie sei an einigen Erfassungsgrenzen für anorganische Stoffe, wo jene besonders hoch ist, illustriert:

Magnesium als Ammonmagnesiumphosphat . .	0,0012 γ
Phosphor als Ammonmagnesiumphosphat . . .	0,008 γ
Chlor als Silberchlorid	0,04 γ
Calcium als Sulfat	0,04 γ
Jod als Jodstärke	0,17 γ

Da aber die Stoffe im Organismus meist gelöst vorkommen, ist als zweites Maß die *Empfindlichkeitsgrenze* von Bedeutung, die besagt, in wieviel Teilen Wasser 1 Teil der Substanz eben noch nachweisbar ist (1 : 10000, 1 : 100000 usw.).

So ist Aluminium mit der Cäsiumalaunreaktion in einem Mikrotropfen Wasser $\doteq 1\ mm^3$ noch in einer Menge von 0,35 γ erfaßbar. Gewiß eine minimale Menge, in bezug auf die Lösungsmenge aber = 999,6 γ nur eine Verdünnung von 1 : 2858 = ca. 0,3 %, also eine beträchtliche Konzentration. Durch eine lineare mikroskopische Vergrößerung von 70 wird aber eine 5000mal kleinere Quantität noch sichtbar, als mit freiem Auge. Die Darstellung der großen charakteristischen Kristalle der Cäsiumverbindung, das Eintrocknenlassen des Tropfens oder Schnittes usw. steigert die Empfindlichkeit = Erfaßbarkeit bei einem maximalen Verdünnungsverhältnis bis zur maximalen Erfassungsgrenze.

Dazu kommt noch der Umstand, daß die Stoffe *in der Zelle* mit ihrem komplizierten Bau (Membran, Plasmagrenzschichten) und ihrer noch komplexeren chemischen Zusammensetzung (kompliziertes kolloidales System, worin hunderte Substanzen verteilt sind) nachzuweisen sind.

Das hat zur Folge, daß viele Reagenzien in die Zelle nicht eindringen können, viele Reaktionen durch andere Substanzen gestört, gehemmt oder verhindert werden.

Nun sind die mikrochemischen Reaktionsmethoden ja der Makrochemie entnommen und für histochemische Zwecke geändert und angepaßt.

Von den zahlreichen makrochemischen Methoden und Reaktionen fallen viele schon wegen ihrer Kompliziertheit, der nötigen Apparate usw. weg. Manche andere, die mit reinen Substanzen wohl gelingen, versagen wegen der komplexen Zusammensetzung der Zelle.

Das fällt in der anorganischen Chemie nicht so sehr ins Gewicht, da genügend sehr gute Reaktionen in der Makrochemie zur Auswahl vorhanden sind und anorganische Reaktionen durch das Zellmilieu wenig gehindert werden, so daß fast für alle im Organismus vorkommenden An- und Kationen eine brauchbare empfindliche und *eindeutige* Reaktion vorliegt.

Bei den organischen Stoffen liegen die Dinge ganz anders.

Makrochemisch sind ja alle organischen Stoffe irgendwie (wenn auch nach langwierigen Prozessen) wenigstens in reiner Form eindeutig nachweisbar.

Aber das spezifische Prinzip des Aufbaues der organischen Materie schon (homologe Reihen, die nur durch eine CH_2-Gruppe voneinander verschieden, Körperklassen — Alkohole, Aldehyde, Ketone, Säuren, Amine, Aminosäuren usw. —, die im Aufbau grundverschieden, nur durch ein gemeinsames Radikal primär gleich reagieren) macht es fast unmöglich, jeden von diesen Körpern durch eine einfache qualitative Reaktion eindeutig zu bestimmen. Da überdies noch viele einfache Reaktionen, die mit reinen Substanzen gut gelingen, in der Zelle versagen oder durch das Mitreagieren vieler anderer Stoffe vieldeutig werden, ist für viele organische Stoffe im Organismus der Nachweis noch nicht möglich oder gibt es doch nur *Gruppenreaktionen*. Das ist die eine Grenze der Mikrochemie.

Die andere prinzipielle liegt in der schon erörterten Erfassungs- und Empfindlichkeitsgrenze.

Denn in der Zelle oder im Schnitt sind nach dem oben Gesagten wenn auch absolut minimale, doch *relativ* nur beträchtliche Mengen greifbar. De facto sind nur *die* Zellstoffe greifbar, die in fester Form eingebaut (Membranstoffe), als Reservestoffe gespeichert (Stärke, Inulin, Zucker, Fette, Eiweiß), als Endprodukte abgelagert (ätherische Öle, Alkaloide) oder auf einem Nebengeleise des Stoffwechsels gebildet wurden (Phenole, Glykoside, Gerbstoffe, Harze, Blütenfarbstoffe) oder doch im Stoffwechsel vorübergehend angereichert, gestaut werden (Amine, Amide wie Harnstoff, Asparagin und Glutamin usw.).

Aber gerade die im Stoffwechsel tätigen, aktiven, wandelbaren Stoffe sind jeweils in so geringen Mengen vorhanden, daß sie im Schnitt nicht greifbar sind (s. KLEIN [2, 6]). Das gilt für alle Zwischenprodukte bei den Stoffwechselprozessen, aber auch für anorganische Stoffe, die nur in geringsten Mengen aufgenommen werden. Für beide gelten Mengen von 0,01 bis 0,000001 γ, nachweisbar sind aber nur Mengen zwischen 10 bis 0,01 γ. Z. B.: Der Nachweis des Chlor als AgCl ist nach Erfassungs- und Empfindlichkeitswert eine der besten mikrochemischen Reaktionen. Seine theoretische Erfassungsgrenze liegt bei $1{,}5 \cdot 10^{-6}\,\gamma$, die praktische freilich bei $5 \cdot 10^{-2}\,\gamma$, also auf Grund der Empfindlichkeitsgrenze um 4 Zehnerpotenzen niedriger. Soll unter dieser Voraussetzung Chlor in der Zelle nachweisbar sein, so müßte der Gehalt der Zelle an Chlor z. B. als KCl mehrere Prozente betragen. Der Nachweis in der Zelle gelingt also nicht, wohl aber mit der Menge aus vielen Zellen, z. B. einem Gewebeschnitt. Das oligodynamisch wirkende Silber (das biologisch nachweisbar ist), das oberflächenkatalytisch wirkende Eisen (WARBURG) ist nach dem Gesagten histochemisch unmöglich greifbar. Denn in der Literatur wird als Empfindlichkeitsgrenze 0,002 γ Fe angegeben. Angenommen den einfachsten Fall, eine würfelförmige Zelle von 30 μ Kantenlänge habe aufgerundet einen Kubikinhalt von 30000 μ^3. Das spezifische Gewicht der Zelle samt Inhalt als 1 angenommen, würde ein Gewicht von 0,03 γ ergeben. Diese Zelle müßte also, um das Eisen noch nachweisen zu können, mindestens 0,002 γ Eisen, also rund 10% enthalten, oder aber es müßten entsprechend große Zellkomplexe zur Untersuchung herangezogen werden, um die Schwelle der Empfindlichkeit zu erreichen.

Es wurde vielfach angenommen, der Zellkern enthalte lokalisiert Jod. Der Nachweis wurde mit wechselndem Resultat versucht. Eine einfache Rechnung zeigt, daß der Nachweis des Jod im Kern unmöglich ist. Angenommen, der Zellkern hätte einen Durchmesser von 5 μ, also einen Rauminhalt von 65,45 μ^3, so wird, auf 100 μ^3 aufgerundet und das spezifische Gewicht als 1 angenommen, das Gewicht dieser Kugel $10^{-4}\,\gamma$ betragen. Dieselbe Kugel aus reinem Jodkalium (spezifisches Gewicht = 31) hätte ein Gewicht von $3 \cdot 10^{-4}\,\gamma$ und einen Jodgehalt von $2{,}3 \cdot 10^{-4}\,\gamma$ Jod. Die praktische Empfindlichkeit der mikrochemischen Jodfällung beträgt nach BEHRENS als Silberjodid $1{,}7 \cdot 10^{-2}\,\gamma = 0{,}17\,\gamma$ Jod, als Quecksilberjodid $2 \cdot 10^{-1}\,\gamma = 0{,}2\,\gamma$ Jod. Mit diesen Empfindlichkeiten ist es daher ausgeschlossen, im Zellkern das Jod unter den oben angedeuteten Voraussetzungen nachzuweisen, selbst wenn derselbe aus reinem Jodkali bestehen würde.

In allen diesen Fällen ist nur ein Nachweis an größeren Komplexen (Schnitten, Gewebestücken) möglich, freilich muß dann die Lokalisation indirekt ermittelt werden.

Der Nachweis der Stoffwechselprodukte ist nur nach Anreicherung (Abfangung) durch längere Zeit und aus größeren Zellmassen möglich (s. S. 4 unten und KLEIN [6]).

d) Lokalisation.

Die letzte, immer wieder erhobene Forderung der Histochemie ist die nach Lokalisation. Die Forderung, daß das Reagens am Ort der natürlichen Lagerung eines Stoffes diesen auch durch die an Ort und Stelle im Organ, Gewebe, ja in der Zelle eintretende Reaktion lokalisiert anzeigt und durch die Ortsbestimmung evtl. Fingerzeige für die Physiologie bietet. Es muß gleich betont werden, daß dieser Forderung nur in *sehr beschränktem Umfange* Genüge geleistet werden kann.

Eine eindeutig lokalisierte Reaktion ist nur an festen Bestandteilen der Zelle möglich, an denen das Reagens adsorbiert wird und durch Färbung (physikalische Reaktion) den Stoff anzeigt (Jodstärkereaktion, Chitosanjodreaktion, Fett-, Kutikular- und Korkfärbung, Harzfärbungen, Jodflavonreaktion usw.) oder wo es nach Adsorption reagiert (Chlorzinkjodreaktion auf Zellulose, Holzreaktionen, Gerbstoffinklusen, Reaktion an organisierten Eiweißkörpern oder -kristallen) Reaktionen an

Kristallen, z. B. Gipsreaktion an Calciumoxalat; sie gelingt ferner noch an Zellen, die schon morphologisch oder doch chemisch und physiologisch vom umgebenden Gewebe verschieden sind (Idioblasten), so die Inklusenreaktion, die Gerbstoffreaktionen z. B. die Eisenfärbung der Gerbstoffidioblasten, die Eiweißreaktionen der Myrosinzellen usw.

Schon bei der Jodschwefelsäurereaktion auf Zellulose wird diese zuerst hydrolysiert und gelöst und erst dann tritt die diffuse Blaufärbung auf. Bei allen gelösten oder bei der Reaktion sich lösenden Stoffen ist Lokalisation am Zellorte unmöglich. Denn erstens wirken alle unsere Reagenzien auf die Zelle tötend, schädigend oder doch die normale Konstitution und Reaktionsweise der Plasmagrenzschichten zerstörend oder verändernd. Dadurch ist der Nachweis einer Lokalisation in der Zelle durch Stoffverschiebungen, Fällungen usw. schon in Frage gestellt. Durch die Schädigung aber diffundieren die ursprünglich irgendwo gelagerten Stoffe an andere Orte, in andere Zellen und geben dort sekundär Reaktionen.

Drittens dringt das Reagens nie gleichzeitig und in gleicher Konzentration in alle Zellen; die Reaktion tritt zuerst und am stärksten dort auf, wo das Reagens primär wirkt; es entsteht ein Konzentrationsgefälle nach dem Reaktionsort und damit, abgesehen von sekundärer Adsorption durch Eiweißfällungen usw., eine falsche Lokalisation! Das gilt für die Zelle und noch mehr für die Gewebe. Viertens kann das Reagens am Rande des Schnittes schon verbraucht werden und daher im Innern gar nicht mehr reagieren.

Fünftens dringen viele Reagenzien überhaupt nicht in die Zelle ein und reagieren die herausdiffundierenden Stoffe überhaupt außerhalb des Gewebes (Phosphormolybdänreaktion).

Der lokalisierte Nachweis in der Zelle ist aber auch theoretisch unmöglich. Wenn wir mit Recht isolierte Lokalisation der Stoffe in kleinsten Vakuolen des komplizierten kolloidalen Systems annehmen, ist deren Menge mikrochemisch nicht faßbar und die ursprüngliche Lagerung durch das eindringende Reagens sicher zerstört. Nach dem oben Gesagten (s. S. 3) ist aber die Menge des in e i n e r Zelle gelösten Stoffes meist überhaupt n i c h t nachweisbar.

Die Lokalisation in der Zelle ist aber mit Ausschluß der organisierten und überhaupt der festen Inhaltskörper auch meist nicht nötig.

Für physiologische und speziell biochemische Fragen genügt der Nachweis des betreffenden Körpers in dem *Gewebe,* in welchem er entsteht, denn die Zellen einer Gewebeeinheit sind ja physiologisch gleichwertig. Die Menge eines Schnittes oder größeren Gewebestückes aber reicht meist für den positiven Ausfall einer Reaktion hin, und Isolierung einer Gewebsart (durch richtig orientierte Schnitte usw.) ist ja größtenteils leicht durchführbar.

In vielen Fällen genügt auch die Isolierung des Stoffes aus dem betreffenden Organ, wenn man seine Genese und Zusammensetzung kennt und es nur auf sein Vorhandensein oder Nichtvorhandensein ankommt (z. B. Nachweis von Harnstoff, Santonin, organischen Säuren, Flavonen usw.). Dadurch erscheint die Frage der Lokalisation ins richtigere Licht und das Arbeitsgebiet der Histochemie auf eine viel breitere Basis gestellt.

Die Fragen der subtilsten Funktionen eines Stoffes im Getriebe der Zelle, z. B. die Rolle der Mineralsalze, bleiben freilich vorläufig noch unlösbar (s. KLEIN [6]).

e) Material.

Das brauchbarste, eindeutigste Untersuchungsmaterial ist frisches, selbst gesammeltes, noch besser selbst gezogenes. Nur im frischen Objekt kann man die natürlich vorkommenden Stoffe in ihrer natürlichen Menge und Verteilung finden und erwarten. Denn beim Trocknen (langsames Trocknen noch störender als rasches) ebenso bei jeder anderen Art des Konservierens werden ja die Zellen getötet, die Struktur zerstört und damit die räumliche Trennung der Stoffe in der intakten Zelle aufgehoben. Es tritt Autolyse ein; bisher getrennte Stoffe treffen aufeinander und reagieren (es entstehen neue Substanzen), die Enzyme treffen auf ihr Substrat, die meisten Glykoside werden so gespalten (Freiwerden der Blausäure, von Vanillin, Indigo, Anthrachinonen usw.), andere werden oxydiert (Kumarin), bisher gelöste Stoffe fallen aus (Hesperidin beim Töten, Inulin, Zucker beim Eintrocknen) usw. Bei getrockneten Objekten (Herbarmaterial, Drogen, Pulver) muß man mit diesen autolytischen, postmortalen Veränderungen rechnen. Dabei muß dann noch besonders die Art der Vorbehandlung besonders berücksichtigt werden. Es soll nie im direkten Licht getrocknet werden, da hierbei erfahrungsgemäß noch viele Veränderungen vor sich gehen, Substanzen zerstört werden usw. Ebenso muß darauf geachtet werden, daß die Pflanzen beim Trocknen oder Versand nicht feucht werden, da die sehr rasch auftretenden Schimmelpilze das Material durchsetzen, verändern und unbrauchbar machen.

Immer ist großes Gewicht zu legen auf genaue Speziesbestimmung (viele Stoffe finden sich nur in gewissen Arten, z. B. Saponarin und viele andere Glykoside, Alkaloide usw., Hesperidin sogar nur in gewissen Subspezies, in den nächstverwandten nicht, s. KLEIN [1]), genaue Angaben von Klima und Standort, Jahres- und Tageszeit, Alter und Aussehen der Pflanze, da von den genannten Momenten Qualität, Quantität und Verteilung mancher Stoffe, ja auch Vorhandensein oder Nichtvorhandensein relativ stark abhängt. Daher der große Vorteil von selbstgezogenen und gesammelten Pflanzen speziell für vergleichende Untersuchungen.

Bei tropischen Pflanzen (in Glashäusern usw.) wird man oft recht abweichende Resultate gegenüber Trockenproben aus ihrer Heimat erhalten. Bei Herbarmaterial, Sammlungsobjekten usw. ist vieles von den geforderten Angaben nicht zu erbringen. Daher die widersprechenden mikrochemischen Befunde. In diesen Fällen kann man der Exaktheit nur durch genaue Angabe des Herbars, der Sammlung usw. gerecht werden. Bei Drogen usw. ist meist auch das nicht möglich.

Am wenigsten verwendbar ist (in Alkohol, Formol usw.) konserviertes Material, da viele Stoffe herausgelöst sind usw. Für eine Untersuchung von Verteilung und Lokalisation eines Stoffes kommt fast nur frisches oder richtig getrocknetes Material in Frage.

Speziell bei Prüfung auf mineralische Bestandteile ist jede Verunreinigung durch Erde, Metalle usw. zu vermeiden und sind die Objekte vor der Untersuchung oder Trocknung mit destilliertem Wasser gründlich an der Oberfläche abzuspülen.

Versandt wird frisches Material in schwach angefeuchtetem Moos (am besten Sphagnum), trockenes in viel Zeitungspapier gewickelt und in Papier oder Sägespänen verpackt.

f) Reagenzien, Instrumente und Utensilien.

Allein der Gedanke, wie minimale Mengen nachgewiesen werden können und sollen, fordert für jede mikrochemische Handhabung peinlichste Reinlichkeit.

Man nehme zu Reagenzien reinste Präparate (MERCK, KAHLBAUM oder SCHUCHARDT purissimum pro analysi). Für Lösungs- und Waschzwecke darf natürlich nur reines destilliertes Wasser verwendet werden.

Die Reagenzien müssen vor dem Gebrauch immer durch Eintrocknenlassen eines Tropfens auf dem Objektträger auf das absolute Fehlen des Stoffes, der nachgewiesen werden soll, geprüft werden.

Beim Entnehmen des Reagens muß peinlich das Hineinfallen von Staub usw., das Berühren des Präparates, das geprüft werden soll, vermieden werden. Ebenso sind die Reagenzgläser und Utensilien sauber zu halten.

Wie sehr diese Winke Beachtung verdienen, zeigen manche Reagenzien augenfällig. Das Diphenylamin-H_2SO_4-Reagens zeigt das Hineinfallen von Staub, organischen Partikelchen durch Gelb- oder Braunfärbung, jede Salpeterverunreinigung schon durch Grün- oder Blaufärbung an. Viele Reagenzien sind nicht dauernd haltbar und müssen daher nach längerer Aufbewahrung vor der Verwendung mit reiner Substanz auf ihre Verwendbarkeit geprüft werden.

Das Reagens wird meist in flüssiger Form (in der optimalen, angegebenen Konzentration) oder gasförmig (Salzsäuredämpfe zum Flavonnachweis [S. 51]), Ammoniakeinwirkung [S. 55]), oder fest (Harnstoffnachweis mit festem Xanthydrol [S. 42]), wobei im entstehenden Konzentrationsgefälle Kristallisationsherde erzeugt werden, angewendet.

Der Einfachheit halber sind die Reagenzien in ihrer bewährten Zusammensetzung bei jedem Stoff, zu dessen Nachweis sie verwendet werden, gesondert angegeben.

Mikroskop. Das wichtigste Instrument des Mikrochemikers ist das Mikroskop. Am besten bewährt sich ein einfaches Schülermikroskop mit Revolver und Irisblende, zwei bis drei Objektiven (50- bis 400fache Vergrößerung), ein oder zwei Okularen, womöglich mit Okular- und Objektmikrometer (zum Messen von Zell- und Kristallgrößen). Alles Nähere siehe in den Abschnitten: Allg. mikr. Optik (A. Köhler), Polarisationsmikroskopie (W. J. Schmidt) und Ultramikroskopie (H. Zocher) in „Methodik der wissenschaftlichen Biologie", Bd. I.

Die bewährten Firmen (Leitz, Reichert, Zeiss) liefern die richtigen Zusammenstellungen. Man achte besonders darauf, daß die Frontlinse durch Reagenzien (speziell Säuren und Alkalien) nicht benetzt werde.

Kleine Tropfen nehmen, nicht schwimmen lassen!

Eine Lupe (ca. 10fache Vergrößerung) leistet für Übersichtsbilder usw. manchmal gute Dienste.

Alle Reaktionen werden am Objektträger (am besten 76 · 26 mm) durchgeführt und unter Deckglas (18 · 18 · 1,5 oder 20 · 30 · 0,2 mm) beobachtet.

Abb. 1 a–c. Stiftfläschchen. 1/2 der natürlichen Größe. a mit solidem Glasstift. b ebenso mit Glaskappe. c mit Glasrohr und Kautschukkappe.

Öfter braucht man auch hohlgeschliffene Objektträger mit Vertiefung für größere Flüssigkeitstropfen.

Zum Einlegen von Schnitten in Flüssigkeiten (Waschen, Abspülen) benötigt man oft Glasdosen mit Deckel, ebenso Uhrgläser.

Alle Schnitte werden aus freier Hand mit *Rasiermesser* (am besten unten mit flacher, oben mit hohler Klinge) durchgeführt, wobei man die Objekte je nach Größe und Festigkeit entweder frei hält oder zwischen Kork (kleine harte Objekte, wie Samen) oder entzweigeschnittenem Holundermark schneidet. Bei einiger Übung kann man mit *Rasiermesser, Pinzette, Skalpellen, Präpariernadeln* aus Metall und selbstgezogenen *Glasnadeln* alle Hantierungen durchführen und fast aus jedem Organ Präparate der einzelnen Gewebe (für Lokalisationsnachweis) herstellen.

Für die Reagenzien nimmt man Stiftfläschchen (s. Abb. 1 a, 30 cm³), bei rauchenden und flüchtigen Flüssigkeiten mit aufgesetzter *Glaskappe* (s. Abb. 1 c) oder *Tropf-*

fläschchen (s. Abb. 1b) mit hohlem, ausgezogenem Glasstopfen, der oben mit Kautschukkappe verschlossen ist (besonders für destilliertes Wasser, Alkohol usw.). Stift und Tropffläschchen ermöglichen ein sauberes Arbeiten und richtige Dosierung der Tropfen, auf das nicht genug Wert gelegt werden kann. Die Gläschen stehen am besten auf Glasplatte oder Tonschale mit Glassturz zugedeckt. (Die Präparate dürfen nie frei an der Luft liegen.) Zum Übertragen von Tröpfchen, Absaugen, Abfließenlassen am Objektträger benötigt man immer *Glasstäbe, Glasröhren* und besonders ausgezogene (tunlichst graduierte) *Kapillarpipetten*, die man am besten in einem Glas mit destilliertem Wasser vorrätig hält.

Zum Absaugen, Trocknen usw. verwendet man *Filterpapierstreifen.*

Zum Erwärmen am geeignetsten sind *Bunsenbrenner mit Mikroflamme* oder elektrische *Heizplatten*, im Notfalle auch ein Spirituslämpchen.

Spritzflasche, Drahtnetze mit Asbesteinsatz, Glühdreieck mit Porzellantiegeln, Platinblech, Pinsel usw. ergänzen die Einrichtung.

g) Winke für die Reaktionen.

Bei jeder Reaktion soll man folgende Versuche durchführen. Man läßt das Reagens ebenso wie den nachzuweisenden Stoff, soweit sie im natürlichen Zustand fest sind, für sich am Objektträger verdampfen und studiert die Kristallformen. Man erspart dadurch viele Täuschung und Unsicherheit. Dann übt man die Reaktion mit reiner Substanz und beobachtet Formen, Farben, Zeit der Reaktion, Notwendigkeit des Austrocknens oder Feuchthaltens usw. Dann beachte man, daß ein Reagenztropfen, am Rande des Deckglases zugesetzt, lange braucht, bis er durchs ganze Präparat diffundiert bzw. in den Schnitt eindringt. Durch Heben und Senken des Deckglases oder Ansaugen auf der gegenüberliegenden Seite des Deckglases wird das Eindringen stark beschleunigt.

Schließlich versuche man das kristallisierte Reaktionsprodukt in den angegebenen Lösungsmitteln (wenn nichts Besonderes betont, aus Wasser) durch Zufügen eines Tropfens und Abdunstenlassen mit und ohne Deckglas umzukristallisieren.

Dann erst führt man die Reaktion mit einem bewährten Versuchsobjekt durch. Die besten Objekte sind im folgenden bei jedem Stoff angegeben.

Bei den chemischen Reaktionen sind folgende Prinzipien maßgebend:

1. Farbenreaktionen. Man erzeugt entweder physikalisch (Farbstoffspeicherung in Fetten, Jodspeicherung in Stärke) oder chemisch (Holz-, Zellulosereaktionen usw.) intensive Farben, die auch bei geringsten Mengen noch sichtbar sind (Nitratprobe mit Diphenylamin-H_2SO_4). Von den Farbenreaktionen sind nur die wertvoll, welche spezifisch sind und bei denen die Farbe am oder vom Stoff festgehalten und dadurch nicht nur gespeichert und verstärkt, sondern auch lokalisiert wird (Öl-, Kork-, Kutikula-, Eisen-, Stärke-, Zellulose-, Gerbstoff-, Chitin- und Holzreaktionen) oder schon diffus, aber eindeutig und empfindlich sind (Diphenylaminreaktion auf Nitrat). Alle anderen (so konzentrierte Säuren und Alkalien auf Glykoside, Alkaloide usw.) sind nur vieldeutige Notbehelfe. Alle Farbenreaktionen treten meist sofort ein.

2. Kristallreaktionen. Oder man stellt Kristallverbindungen her, die möglichst nur für den einen Stoff spezifisch und sehr empfindlich sind. Die Steigerung der Erfassungsgrenze wird erreicht durch großes Molekularvolumen (Phosphormolybdat), hohe Unlöslichkeit (Silberchlorid, Nitronnitrat, Dixanthylharnstoff usw.) und Einengung der Flüssigkeit oder Antrocknen des Schnittes (Sulfatnachweis als Gips).

Die Kristallreaktionen werden, da sie vielfach erst nach längerer Zeit eintreten, je nach der Reaktion verschieden aufgestellt. Entweder sie müssen durch langsames Eintrocknen oder durch Aufbewahren im feuchten Raum oder in verschiedenen Gasen (Ammoniakkammer) ausgelöst werden. Zu diesem Zwecke hebt man die Objektträger (es empfiehlt sich immer, die Präparate, auch wenn die

Kristallisation bald eingetreten ist, länger aufzubewahren, da später häufig Veränderungen, Umlagerungen usw. auftreten) auf Objektträgerstativen (aus Glas oder verzinktem bzw. vernickeltem Blech) übereinandergeschichtet und mit Fettstift bezeichnet auf. Sollen sie trocken sein, so wird das Stativ nur auf eine Glasplatte gestellt und mit Glassturz oder Becherglas zugedeckt; sollen sie feucht aufbewahrt werden, kommen die Stative in eine Glas- oder Porzellanschale unter Sturz und werden mit Wasser abgeschlossen (feuchte Kammer); sollen sie gleichzeitig begast werden, so stellt man in die feuchte Kammer ein Schälchen mit der betreffenden Flüssigkeit (z. B. Ammoniak für Chlor-, Magnesium- und Phosphornachweis, Alkohol oder Chloroform für Indigo usw.); ist Luftabschluß erwünscht oder soll Verdunstung verhindert werden, ohne daß Verdünnung des Reagens wie in der feuchten Kammer eintritt, so umrandet man das Deckglas mit einem Tropfen Paraffinöl (Par. liquid.) aus einer Kapillarpipette.

3. Charakterisierung der Kristallprodukte. Jedes Kristallprodukt, das man auf irgendeinem Wege (s. S. 11) im Schnitte, außerhalb des Schnittes unterm Deckglas oder auf irgendeine Art isoliert erhalten hat, ist nun durch alle jeweils möglichen Merkmale usw. zu charakterisieren.

1. Vor allem auffällig und charakteristisch ist häufig die *Farbe* des Kristallproduktes, die gelben Ammon- (s. S. 19) und Kaliumchloroplatinate (S. 17), das gelbe Phosphormolybdat (S. 26), das schwarze Kaliumtripelsalz, das violette Saponarinjod (S. 52), die braungrünen Santoninjodprodukte (S. 37), das rot bzw. grün gefärbte Scutellarin (S. 51) und viele andere.

2. Ebenso wichtig, besonders für alle anorganischen Verbindungen ist die *Kristallform*. Bei organischen Stoffen erhält man vielfach Nadeln, Sphärite, Drusen, die nicht charakteristisch sind, aber manchmal durch Umkristallisieren aus einem optimalen Lösungsmittel die typische Form geben (s. DENIGÈS). Neben der eigentlichen Form der wohlausgebildeten Kristalle treten häufig auch recht charakteristische Zerrformen (Ammonmagnesiumphosphat, S. 22) regelmäßig auf. Freilich ist die kristallographische Bestimmung meist erst mittels des *Polarisationsmikroskops* zu geben. Man verwendet hierzu ein eigenes, mineralogisches Polarisationsmikroskop oder zwei für das gewöhnliche Mikroskop adaptierte Nicolsche Prismen, von denen das eine statt der Zylinderblende im Mantel dieser, das andere im Okular eingebaut ist, wobei der Mikroskopkondensor fallweise ausgeschaltet werden muß. Vgl. Abschnitt Polarisationsmikroskopie in der Methodik der wissenschaftlichen Biologie, Bd. I, S. 386.

Man kann damit

1. die Doppelbrechung bestimmen. Manche Kristalle (reguläres System, Würfel, Oktaeder usw.) erscheinen im polarisierten Licht bei allen Stellungen der gekreuzten Nicols dunkel (einfach brechend).

2. Die meisten Kristalle erscheinen aber bei Drehung des Nicols um 360° viermal hell und dunkel. Die vier Dunkelstellungen nennt man Auslöschungsstellen und die Richtung im Kristall Auslöschungsrichtung. Je nachdem die Auslöschungsrichtung parallel zu einer Kristallkante oder schräg dazu verläuft, spricht man von gerader oder schiefer Auslöschung. Danach ist die Zugehörigkeit größerer Kristalle zu den einzelnen Kristallsystemen bestimmbar.

Die Bestimmung des Kristallsystems gestaltet sich dann kurz so:

1. Alle Kristalle bleiben bei gekreuzten Nicols in jeder Lage dunkel; sie sind einfach brechend, *regulär* (Cäsiumalaun).

2. Die meisten Kristalle werden zwischen gekreuzten Nicols hell (oft nur grau) und farbig und besitzen gerade Auslöschung, einzelne bleiben in allen Lagen dunkel; sie sind doppelbrechend und optisch einachsig. Man hat weiter den Umriß der dunkelbleibenden Kristalle zu beachten:

a) Der Umriß der dunkelbleibenden Kristalle ist vierseitig (oder achtseitig), quadratisch, die Kristalle sind *quadratisch* (tetragonal) (Calciumoxalat);

b) der Umriß ist sechsseitig, die Kristalle sind *hexagonal* (Kieselfluornatrium);

c) der Umriß der dunkelbleibenden Kristalle ist dreiseitig, die Kristalle sind *rhomboedrisch* (Natronsalpeter).

3. Alle Kristalle werden zwischen gekreuzten Nicols hell (oft nur grau) und farbig, sie sind optisch zweiachsig:

a) alle besitzen gerade Auslöschung, sie sind *rhombisch* (Bleichlorid);

b) die meisten besitzen schiefe, einige gerade Auslöschung, sie sind *monoklin* (Gips);

c) alle Kristalle zeigen schiefe Auslöschung, sie sind *triklin* (Kupfervitriol).

Auf die Verwendung der Gipsplättchen braucht hier nicht eingegangen zu werden. Im allgemeinen ist es vorzuziehen, sich die Bestimmung, wenn sie überhaupt nötig ist, vom geübten Mineralogen durchführen zu lassen. Gewöhnlich genügt die äußere Form, die ja überall angegeben ist (siehe auch Abbildungen) zur Diagnose.

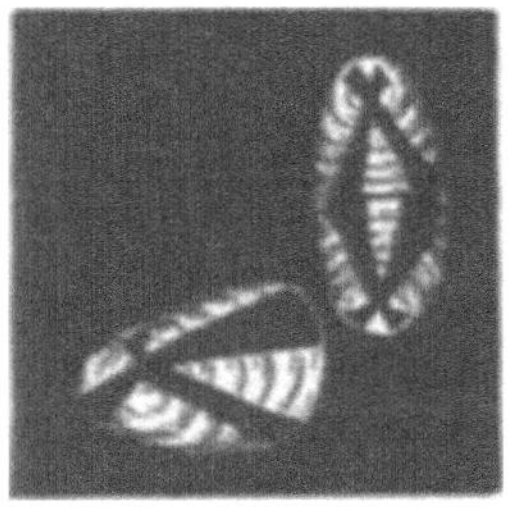

Abb. 2. Kartoffelstärke im polarisierten Licht. Links ein einfaches, rechts ein zusammengesetztes Stärkekorn.

Wertvoll ist das Polarisationsmikroskop für folgende Fälle: Viele Kristalle in der Zelle, auch winzige, die man sonst übersieht, leuchten bei gekreuzten Nicols auf und geben sich dadurch zu erkennen. Auch Stärke, Zellulose, Membranen usw. zeigen so Doppelbrechung und damit ihre Kristallstruktur (Abb. 2). Die Bestimmung der Zugehörigkeit von histochemisch vorliegenden Kristallen ist vielfach schwierig (oft, wo keine wohlausgebildeten Kristalle vorliegen, unmöglich).

Dagegen kann man mit einem Nicol den für viele Kristalle charakteristischen *Pleochroismus* feststellen. Manche Kristalle zeigen sich nämlich auf Grund ihrer verschiedenen Lagerung oder bei Drehung des Nicols — verwendet wird nur *ein* Nicol, am besten der Polarisator — abwechselnd heller und dunkler (Karotin) oder wechseln auch die Farbe.

Will man nur *Winkel*, meist den einen charakteristischen messen, so genügt ein Fadenkreuzokular und ein drehbarer mit Gradeinteilung versehener Objekttisch. Es müssen stets mehrere Kristalle bei kleiner Blende und Planspiegel gemessen werden.

Auffallend ist für manche Kristallprodukte ihr *Lichtbrechungs*vermögen. Alle Kristalle, deren starkes Lichtbrechungsvermögen von dem der Umgebung (Luft oder Reagenslösung) abweicht, heben sich durch ihren Glanz, dunkle Kontur usw. gut ab.

Zur Charakterisierung eines Kristallproduktes gehört schließlich die wichtige physikalische Eigenschaft der spezifischen *Löslichkeit* in verschiedenen Lösungsmitteln (Wasser, Säure, Alkali und organische Solvenzien, Alkohol, Äther, Chloroform usw.). Sie sind bei jedem Produkt angegeben und müssen jeweils an reiner Substanz und erhaltenem Produkt verglichen werden. Auch zum Reinigen und Umkristallisieren ist die Wahl des Lösungsmittels wesentlich.

Gewaschen wird mit dem Lösungsmittel, in dem der ausgefallene Überschuß des Reagens leicht, das Reaktionsprodukt nicht löslich ist (Essigsäure beim Harnstoffnachweis, S. 42); umkristallisiert aus einem Solvens, in dem das Produkt bei leichter Flüchtigkeit des Solvens sehr leicht löslich ist (organische Solvenzien) oder in dem das Produkt schwerer löslich, durch Erwärmen größtenteils gelöst und beim Erkalten in charakteristischer Form wieder abgeschieden wird. Zum Auswaschen eines Kristallproduktes (Herauslösen des überschüssigen Reagens, von Verunreinigungen oder leichter löslicher störender Verbindungen mit dem Reagens) hat sich uns folgende Anordnung (s. TAUBÖCK) besonders bewährt (Abb. 3).

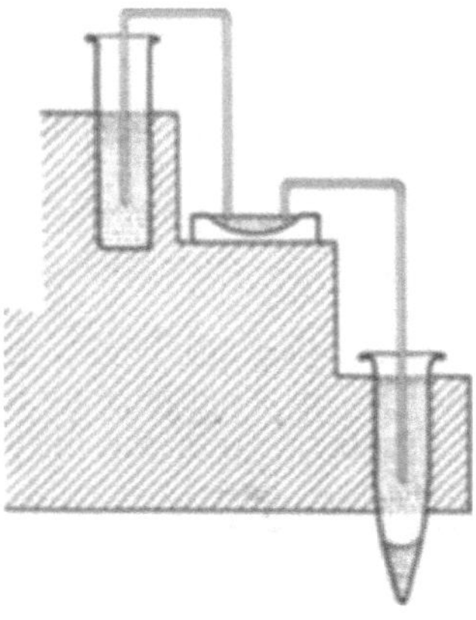

Abb. 3. Mikrowaschvorrichtung nach TAUBÖCK. 1/2 der nat. Gr.

Aus einem etwas erhöht stehenden kleinen Gefäß von etwa 3 cm³ Volumen wird mittels eines Kapillarhebers die Waschflüssigkeit in den Hohlschliff eines Objektträgers geleitet, den man entweder zum Großteil mit einem runden Deckglas bedeckt oder mit einem Vaselinring umgibt. Der Heber ist so dimensioniert, daß er in das Gefäß einhängt, den Objektträger gerade berührt. Er saugt in die Flüssigkeit getaucht, diese immer wieder selbst kapillar an. Ein zweiter Kapillarheber, der in derselben Zeit mindestens ein gleiches Quantum, ohne Schaden aber etwas mehr der Waschflüssigkeit fördern muß, leitet diese vom Objektträger in ein in eine Spitze ausgezogenes Röhrchen. Dem Objektträger gibt man durch ein untergelegtes Streichholz eine kleine Neigung, bedeckt den Hohlschliff zu drei Viertel mit einem runden Deckglas und setzt die Heber in den gegenüberliegenden Spitzen des mondförmigen Spaltes an. In dieser Anordnung kann ein mikroskopischer Niederschlag vorsichtig und sehr gründlich gewaschen werden. Durch den Heber 2 ins Spitzröhrchen vielleicht mitgerissene Kristalle kann man nach evtl. Zentrifugieren in der Spitze wieder auffinden und untersuchen.

4. Herstellung der Präparate. Für alle Reaktionen ist zu beachten: Die Objektträger und Deckgläser sollen absolut rein und fettfrei sein. Dazu werden sie zuerst in 10% Salzsäure gekocht, mit Wasser und dann mit Alkohol gewaschen, mit destilliertem Wasser nachgespült, mit reinem, faserfreiem Linnen getrocknet und in Deckeldosen aufbewahrt. Die Schnitte (nicht zu dünn) werden auf den Objektträger gelegt, noch frisch oder nach Antrocknen mit dem Reagenztröpfchen überdeckt und offen oder mit Deckglas stehengelassen. Die Flüssigkeit darf nur den Raum zwischen Objektträger und Deckglas ausfüllen, nicht darüber hinausfließen. Das Deckglas läßt man entweder auffallen oder legt es von einer Seite her vorsichtig auf, um Luftblasen zu vermeiden; werden zwei oder mehrere Reagenzien benötigt, so trägt man die Tröpfchen nebeneinander auf, legt den Schnitt in ein Tröpfchen und vereinigt die Flüssigkeit durch Auflegen des Deckglases. Dabei entsteht meist ein Konzentrationsgefälle, das der Entstehung und Ausbildung der Kristalle meist förderlich ist. Wird neuerlich ein Reagens zum fertigen Präparat zugefügt, so setzt man es an einem Deckglasrand zu und saugt am gegenüberliegenden Rand mit Filterstreifen an.

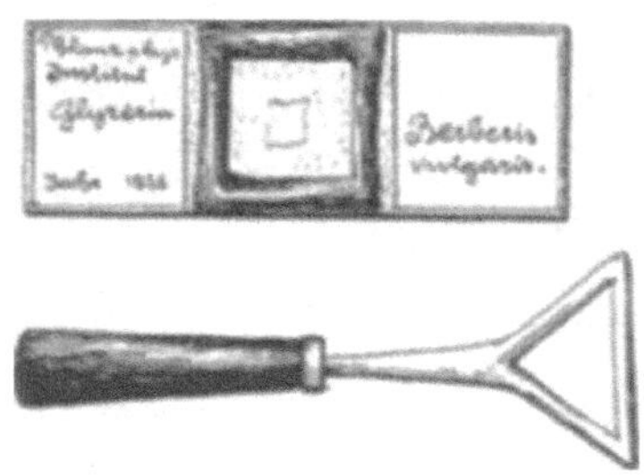

Abb. 4. Oben: Fertiges Dauerpräparat mit luftdichtem Einschluß und Etikettierung. Unten: Einschlußdreieck. 1/2 der nat. Gr.

Dauerpräparate. Will man die Präparate aufheben (es empfiehlt sich sehr, eine Sammlung von Kristallpräparaten und Farbstoffspeicherungen anzulegen), so fertigt man Dauerpräparate an. Die Kristallpräparate werden meist trocken, aber auch im Reagens oder in Glyzerin (jedenfalls so, daß sie unlöslich bleiben), die Farbenreaktionen (nur soweit sie gespeichert und lokalisiert sind) im Reagens mit *venezianischem Terpentin* eingeschlossen.

Dazu wird käuflicher, dickflüssiger venezianischer Terpentin auf dem Sandbad in einer Porzellanschale so lange (ca. 3 Tage) eingedickt, bis man bei gewöhnlicher

Temperatur mit dem Finger nicht mehr eindrücken kann. Zum Einschluß eines Präparates wird nun dieses um das Deckglas sorgfältig mit Filterstreifen getrocknet, da sonst der heiß aufgetragene Lack spritzt und nicht dichtet; dann wird das Einschlußdreieck (Abb. 4 unten) in der Flamme erhitzt, in den festen Terpentin, der sich verflüssigt, eingetaucht und nun die am Dreieck klebende, flüssige Masse um die vier Kanten des Deckglases gleichmäßig aufgetragen. Hierauf wird das Dreieck nochmals trocken erhitzt, auf je eine Deckglasseite aufgesetzt, der erstarrte Terpentin nochmals verflüssigt und in einem Zug über die Deckglaskante gezogen. Bei einiger Übung und fettfreien Objektträgern erhält man leicht luftdichte, gefällig wirkende Präparate. Diese werden dann zu beiden Seiten etikettiert und alles Wesentliche vermerkt (Abb. 4 oben).

h) Histochemische Methoden.

Der Nachweis der Stoffe im Gewebe oder aus dem Gewebe basiert auf folgenden Prinzipien:

I. 1. Entweder es gelingt, den Stoff in oder außer dem Gewebe durch Lösungsmittel, in denen er unlöslich ist, unverändert kristallinisch oder kristallisiert auszufällen (z. B. Mannit, Hesperidin usw.).

2. Oder man trachtet den Stoff durch ein zugefügtes Lösungsmittel aus dem Gewebe herauszulösen und beim Abdunsten desselben unterm Deckglas (meist am Rande) außerhalb des Gewebes unverändert zu kristallisieren (z. B. Alkaloide und Glykoside).

In beiden Fällen kann man dann die Substanzen durch äußere Merkmale (Form, Farbe, Lagerung), Löslichkeitsverhältnisse, Schmelzpunktsbestimmung (s. S. 13), Sublimierbarkeit (s. S. 12) und chemische Umsetzungen (Kristallprodukte oder Farbenreaktionen) näher charakterisieren.

II. 1. Gelingt eine Abscheidung nicht, dann gelingt evtl. die chemische Reaktion direkt im Gewebe,

2. oder man muß die Substanzen zum weiteren Nachweis aus dem Gewebe isolieren; entweder durch differenziertes Herauslösen (möglichst ohne andere störende Substanzen), durch Herausdestillieren oder Heraussublimieren.

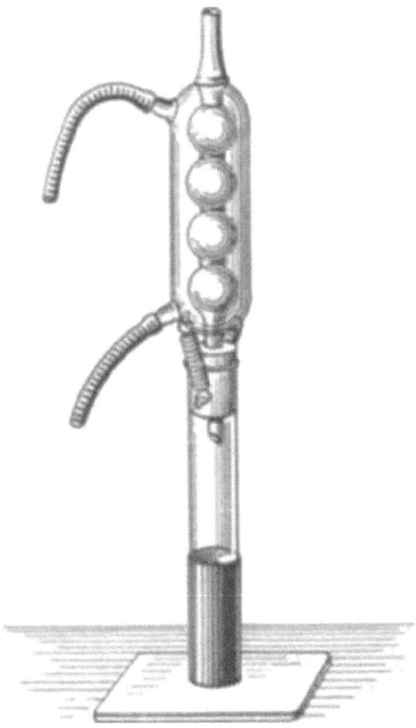

Abb. 5. Mikroextraktionsapparat nach KLEIN u. TAUBÖCK. 1/2 bis 1/3 der nat. Gr.

Das *Herauslösen* einer Substanz aus dem Gewebe, Schnitt usw. mit einem bestimmten Lösungsmittel kann am Objektträger unter Deckglas, im hohlen Objektträger (s. S. 6) oder in einem eigenen Mikroextraktionsapparat in der Wärme (was die quantitative Lösung sehr beschleunigt) erfolgen. Am besten hat sich uns folgender Apparat, der noch vielfache Anwendung finden wird, bewährt (Abb. 5). Er besteht aus einer Kupferplatte mit aufgelöteter Hülse, in der das Extraktionsröhrchen sitzt. Diesem ist ein Mikrokühler mit Wasserzu- und -abfluß, um das Verdunsten der Extraktionsflüssigkeit zu verhindern, aufgesetzt. Die Schnitte oder Organstücke kommen mit 1 cm^3 oder Bruchteilen hiervon in das Röhrchen, der Kühler wird aufgesetzt, das Kühlwasser eingeschaltet und der Apparat auf einer elektrischen Heizplatte, im

Wasserbad, auf einer mit der Gasflamme geheizten Asbestplatte usw. angeheizt. Ein Tröpfchen des Extraktes wird dann zur Reaktion mit Kapillarpipette entnommen.

Gaskammer. Zum Herausdestillieren (Blausäure, Ammoniak), -sublimieren aus dem Gewebe, ebenso zur Behandlung von Schnitten mit Gasen (Flavonnachweis mit Salzsäuredampf) leistet die einfache Gaskammer hervorragende Dienste (Abb. 6). Auf einem Objektträger wird ein Glasring (1,5 cm breit, ca. 0,7 cm hoch) aufgesetzt oder aufgekittet (mit Wasserglas), ein Deckglas aufgesetzt und das Ganze auf die betreffende Heizvorrichtung gesetzt. Das Präparat liegt im Ring, der Reagenztropfen auf der Unterseite des Deckglases (Destillation, S. 19, 49, 54, 43), oder das Reagens ist im Ring (Nachweis von Flavonen, ätherischen Ölen, S. 51 u. 38), oder das Deckglas dient nur als Rezipient für Sublimate (S. 36 usw.).

Abb. 6. Mikrogas- und Mikrosublimationskammer nach MOLISCH.

Für die möglichst quantitative *Destillation* von flüchtigen Körpern (Aminen, Nikotin, Koniin) hat sich uns die Apparatur von GAWALOWSKI, bei der das Abtropfrohr weggelassen, das Abflußrohr zwecks Kühlung viel verlängert und zur Vermeidung von Gasverlusten in ein Kölbchen mit Schliff angesetzt wurde, sehr bewährt (Abb. 7).

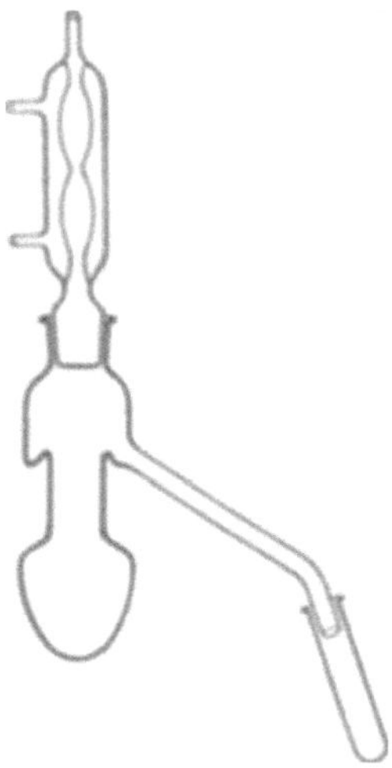

Abb. 7. Mikrodestillationsapparat, modifiziert nach GAWALOWSKI. $^1/_2$ der nat. Gr. Das Abflußrohr $^1/_3$ der nat. Länge.

Sublimation: Einfachere Methoden zum Sublimieren sind:

1. Das Sublimieren auf einem Uhrglas (ca. 8 bis 9 cm Durchmesser), das mit einer runden Glasplatte, auf die evtl. zur Kühlung Wasser getropft wird, bedeckt ist. Das Uhrglas wird auf eine Asbestplatte gelegt, die von unten mit Mikrobrenner geheizt wird (Abstand der Flamme ca. 7 cm); für leicht sublimierende Körper. Durch Nähern oder Entfernen der Flamme kann die Sublimationstemperatur, die für die verschiedenen Stoffe jeweils nachgesehen (s. ROSENTHALER, S. 71) und erprobt werden muß, geregelt werden.

2. Oder von einem Objektträger, der auf der geheizten Asbestplatte liegt, auf einen zweiten, der der Länge nach über den ersten so gelegt wird, daß er an einem Ende aufliegt, am anderen durch einen 3 bis 5 mm hohen Gegenstand (Steinchen) gestützt und so ein verschieden hoher Sublimationsraum geschaffen wird. Die aufsteigenden Sublimationsdämpfe schlagen sich dann an einer Zone des oberen Objektträgers nieder (Abb. 8).

Oder man sublimiert in der Gaskammer (Abb. 6), was sich am besten bewährte.

Abb. 8. Mikrosublimationsapparat auf der Asbestplatte nach TUNMANN.

Sehr viele Substanzen, die sublimieren, zersetzen sich aber vorher an der Luft oder schlagen sich an dem allmählich heiß werdenden Rezipienten nicht nieder. Für diese und alle anderen sublimationsfähigen Körper eignet sich am besten der geschlossene Apparat von KLEIN-WERNER, in dem unter vermindertem Druck (zur Förderung der Sublimation) und Kühlung der Vorlage bei gleichzeitig abzulesender Temperatur sublimiert wird (Abb. 9).

Der Sublimationsapparat aus Jenaer Glas besteht aus einem Mantel *M* und dem Kühler *K*, der in den konischen Hals des Mantels vakuumdicht eingeschliffen ist. Der Mantel trägt eine seitliche Tubulierung zum Evakuieren. In den Kühler sind zwei Glasröhrchen eingeschmolzen, von denen das bis zum Boden des Kühlers reichende der Wasserzu- das kürzere der -ableitung dient. Der Abstand zwischen der unteren, plangeschliffenen Kühlerflasche und dem Boden des Mantels beträgt 8 mm. Zur Aufnahme der Substanz dient ein flaches Schälchen, aus 0,3 mm starkem Kupferblech, welches auf feinen Eisenfeilspänen liegt (Abb. 9). Als Vorlage zum Auffangen des Sublimats wird ein rundes Deckglas (20 mm) verwendet, das mit einem Tropfen wasserfreien Glyzerins an der planen unteren Kühlerfläche angeklebt wird. Der Abstand vom Boden des Schälchens zum Deckglas soll 4 bis 5 mm betragen. Der Apparat wird zum Gebrauch in geeigneter Weise an einem Stativ befestigt. Das Anheizen geschieht in einem Ölbad, dessen Temperatur gemessen wird und in das der unterste Teil des Apparates 2 cm tief eintaucht. Evakuiert wird mit einer Wasserstrahlpumpe bis etwa 10 mm Druck. Durch den Kühler muß während der ganzen Sublimation Wasser von der Leitung her laufen. Die Vorteile dieser Sublimationsmethode gegenüber allen bisher eingeführten liegen auf der Hand.

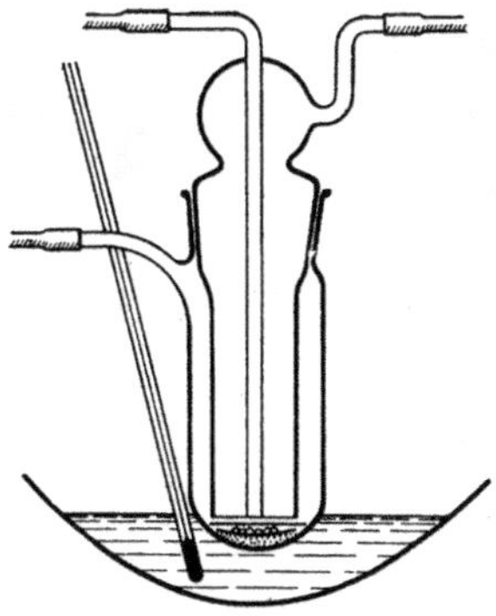

Abb. 9. Mikrosublimationsapparat mit Kühlung und unter vermindertem Druck nach KLEIN u. WERNER. 1/2 der nat. Gr.

Schmelzpunktbestimmungen: Sehr viele erhaltene Kristalle lassen sich eindeutig charakterisieren, wenn man ihren Schmelzpunkt bestimmt. Das gilt besonders für Sublimate, die ja rein vorliegen. Aber auch die außerhalb des Schnittes erhaltenen Kristalle sind zu brauchen, wenn man die Schnitte (um Verkohlung zu vermeiden) entfernt, das Präparat eintrocknen läßt und dann schmilzt. Hierfür habe ich einen einfachen Apparat konstruiert, der bei den optischen Werken REICHERT erzeugt wird (Abb. 10). Es empfiehlt sich, für genaue Schmelzpunkte die Kristallpräparate vor der Bestimmung in einem kleinen Schwefelsäureexsikkator zu trocknen. Der Apparat besteht aus einer Metallkapsel, die auf den Objekttisch des Mikroskopes aufgesetzt und mittels eingebauter Heizspirale bei vorgeschaltetem, für die Temperaturhöhe zu regulierendem Widerstand geheizt wird. Auf dem Tisch ist eine Hülse befestigt, in der das Thermometer sitzt. Eingesetzt ist ein Thermometer (das Intervall von 50 bis 350° umfassend), das die Temperatur in der Mitte des Heiztisches, wo das Präparat zu liegen kommt, auf 1 bis 2° genau anzeigt. Beobachtet wird in durchfallendem oder auffallendem Licht, in dem die Kristalle auf dunklem Grund prächtig leuchten. Man beobachtet die mikroskopisch kleinen Kriställchen, bis sie fast momentan zerfließen und liest die Temperatur ab. Viele Substanzen sublimieren zuerst auf das Deckglas und schmelzen dort (s. KLEIN [7]). Man prüfe immer erst mit reiner Substanz und dann erst das Präparat. Vollständige Schmelzpunkttabellen finden sich in ROSENTHALER (s. S. 67). Auch Mischschmelzpunkte mit gewonnener und vermeintlich entsprechender reiner Substanz, die zusammen am Objektträger umkristallisiert werden, lassen sich so gut durchführen.

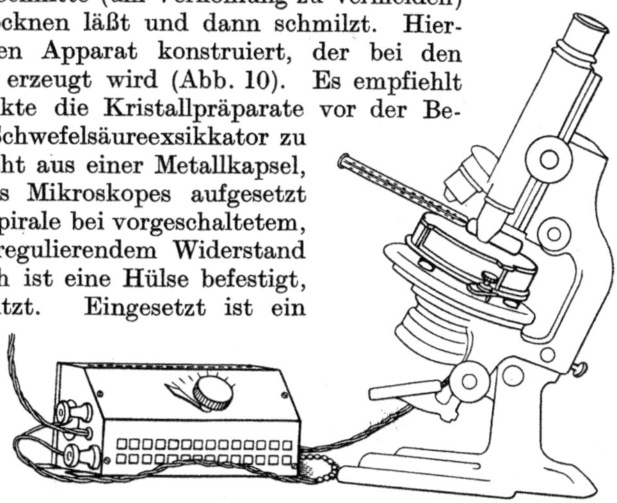

Abb. 10. Mikroschmelzpunktapparat nach KLEIN, mit elektr. Heizung, auf dem Mikroskop adjustiert.

i) Spezielle Methoden.

Aschenbild: Die meisten Pflanzen enthalten in den Zellen Kristalle von Calciumoxalat in charakteristischer Form und Anordnung, daneben aber auch gelegentlich

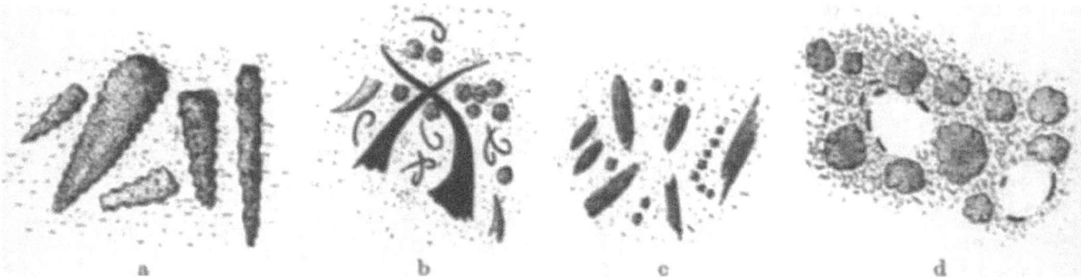

Abb. 11 a—d. Aschenbilder (nach MOLISCH).
a aus dem Blatt von Strobilanthes isophylla (Cystolithen). Vergr. 60.
b aus dem Blatt von Cannabis sativa (Kalkablagerungen mit Cystolithenhaaren, Oxalatdrusen). Vergr. 60
c aus dem Blatt von Ampelopsis quinquefolia (Raphidenbündel und Oxalatdrusen). Vergr. 60.
d aus dem Stamm von Opuntia (Kalkoxalatdrusen). Vergr. 185.

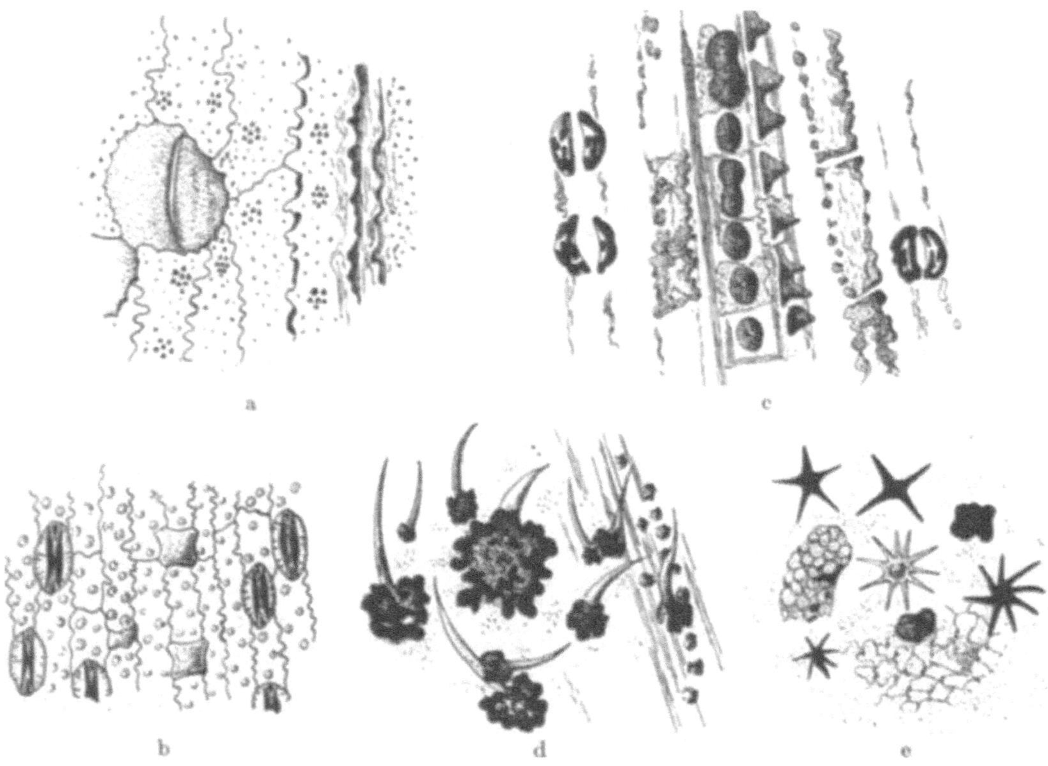

Abb. 12 a—e.
a aus dem Stengel von Equisetum pratense (Verkieselung, bes. der Spaltöffnungen). Vergr. 285.
b aus dem Blatt von Bambusa (Epidermis vollständig verkieselt, mit Kieselkurzzellen). Vergr. 400.
c aus dem Blatt von Carex silvatica (verkieselte Spaltöffnungen und Reihen von Kegelzellen). Vergr. 285.
d aus dem Blatt von Boehmeria utilis, nach HCl-Behandlung (Kieselhaare und Cystolithen). Vergr. 80.
e aus dem Blatt von Deutzia scabra nach HCl-Behandlung (verkieselte Haare und Membranstücke). Vergr. 40.

andere feste Calciumverbindungen, Kieselkörper usw. Überdies sind aber häufig alle Membranen oder doch die bestimmter Zellen und Gewebe (Haare usw.) mit Kalkkarbonat oder Kieselsäure inkrustiert.

Verascht man solche Gewebe im Porzellantiegel, so bleiben die Kristalle erhalten, aber auch alle inkrustierten Membranen; man erhält von stark inkrustierten Geweben gut erhaltene Aschenbilder, die in Anilin oder Phenol vorsichtig übertragen, klare und gute Übersichtsbilder über Kristallverteilung, Inkrustierung, Membranstruktur usw. geben (s. Abb. 11 u. 12).

Bei Pflanzen, die Kalk- und Kieselsäure enthalten, kann man das Aschenskelett erst mit 5 bis 10% Salzsäure behandeln, wobei alles Kalkkarbonat usw. herausgelöst wird und nur Verkieselungen zurückbleiben. Parallele Vergleichsbilder zeigen dann den Anteil von Calcium bzw. Silizium am Aschenbild.

Bei Pflanzen mit charakteristischen Kalk- (Cystolithen) oder Kieselkonkrementen (Gramineen, Cyperaceen, Orchideen, Palmen) kann man aus dem Aschenbild eines Gewebes seine Zugehörigkeit zu einer bestimmten Familie, Gattung, ja selbst Art erkennen. Mit Vergleichspräparaten läßt sich viel diagnostisch verwerten (s. Abb. 11 u. 12). (Über diagnostische Verwertung des Aschenbildes siehe OHARA.)

Fadenreaktionen: Zu den empfindlichsten Reaktionen, die speziell in der qualitativen anorganischen Chemie eine größere Rolle spielen, gehört die, Reaktionen auf kleinste Mengen nicht mit Lösungen durchzuführen, sondern das Reagens, das eine scharfe Farbenreaktion gibt, in Seidenfäden aufzusaugen, dann zu trocknen und nun diese Reagenzfäden zu benutzen. Das Prinzip ist dasselbe wie das physikalische Anfärben von festen Zellbestandteilen (Membranfärbungen) mit spezifischen gelösten Reagenzien. So gibt der Sulfidfaden (mit Schwefelwasserstoffwasser getränkt) bei Gegenwart von Arsen noch mit 0,01 γ deutliche Gelbfärbung (besonders unter dem Mikroskop sichtbar).

Zu den wichtigsten Erkenntnissen der letzten Jahre gehört die primäre Wichtigkeit der Reaktion der Zelle (des p_H).

Während bereits glänzende Methoden existieren, um das p_H von Flüssigkeiten (Nährlösungen, Sera usw.) genau und leicht zu bestimmen, ist dies im intakten Gewebe noch nicht möglich.

Für die kolorimetrische Methode (Umfärbung besonders charakteristischer Farbtöne bestimmter künstlicher Farbstoffe bei einem bestimmten p_H) sind wohl Ansätze vorhanden (s. PFEIFFER).

Z. B. gibt Anthocyanlösung schöne Farbumschläge (sauer-rot, neutral-violett, basisch-blau). Anthocyangefärbte Zellen zeigen demnach schon durch ihre Färbung die Reaktion des Zellsaftes an. Die Reaktion von Plasma und Kern solcher Zellen, die ja lebend nie Anthocyan aufnehmen, kann man durch Abtöten (Erhitzen auf 60°, Druck, Chloroform), worauf dann der Farbstoff gespeichert wird, leicht erkennen. Sie färben fast immer blau, reagieren also alkalisch.

Farblose Zellen kann man nach Abtöten durch Anthocyanlösung (durch Extrahieren von Rotkraut mit wenig Wasser von ca. 60°) anfärben.

Fortschritte in dieser Richtung scheitern noch immer an der Undurchlässigkeit der Zelle für die in Betracht kommenden kolloidalen Farbstoffe und die Störungen durch das kolloidale Zellmilieu.

Bei Lösungstropfen aber (Guttations-, Nektar-, Preßsafttröpfchen) hat sich die Anfärbung auf präparierte Seide nach EMICH (1 u. 2) sehr bewährt. Der empfindliche Farbenumschlag von Lackmus wird für mikroskopische Zwecke (in Lösung Farbe unter dem Mikroskop kaum sichtbar) durch Niederschlagen des Farbstoffes auf einem Seidenfaden und Reaktion am Faden sichtbar gemacht.

Rohseide wird mit Seifenlösung gekocht und ausgewaschen.

Um den Lackmusfarbstoff in eine für die mikrochemische Analyse geeignete Form zu bringen, kocht man käuflichen Lackmus mit etwa dem doppelten Gewichte Wasser, filtriert, übersättigt das Filtrat siedend mit Schwefelsäure, bringt gereinigte

Seide etwa 30 Minuten lang in das heiße Bad und wäscht sie schließlich in fließendem Wasser, wo die rein rote Farbe bald einen Stich ins Violette erhält. Nach dem Trocknen wird das Präparat, die „rote Lackmusseide", im Dunklen aufbewahrt.

Behufs Herstellung der „blauen Lackmusseide" übergießt man die rote mit wenig Wasser, setzt vorsichtig stark verdünnte Lauge zu, spült rasch einmal mit destilliertem Wasser ab, preßt zwischen Papier und trocknet. Da die so gewonnene blaue Seide ihren Farbstoff beim Auswässern nach und nach verliert, darf sie nur in solchen Fällen benutzt werden, wo sehr kleine Flüssigkeitströpfchen zur Anwendung gelangen. Für weniger schwierige Fälle dient eine blaue Seide, welche aus der roten durch Einlegen in Bleiessig und nachheriges Waschen gewonnen worden ist.

Nachweis von Metallen und Metalloiden in organischer Bindung. Seit langem ist das Bestreben der Mikrochemie darauf gerichtet, Metalle und Metalloide nicht nur, solange sie in anorganischer Form im Organismus vorliegen, nachzuweisen, sondern auch dann und dort, wo sie bereits assimiliert in ein organisches Molekül eingebaut, nicht mehr als Ionen reagieren, „maskiert" sind. Das gilt besonders für den assimilierten Phosphor und Schwefel, das Magnesium und Eisen. Für die drei erstgenannten ist der Nachweis ja gelungen (s. S. 26, 25, 22), für das Eisen waren die Fehlerquellen noch nicht ganz zu überwinden (s. S. 65).

Fluoreszenz. In manchen Fällen hilft eine nicht sehr häufige Eigenschaft von Substanzen in Lösung zur raschen Diagnose, nämlich die *Fluoreszenz* (Chlorophyll, Phykocyan und -erythrin, Äskulin, Fraxin, Hesperidin usw.).

Die einfachste Bestimmung ist die:

Auf eine schwarze Glasplatte wird ein Sandkorn und ein Tropfen der zu untersuchenden Lösung gebracht und beides mit einem Deckglas bedeckt. Auf diese Weise bildet sich ein Flüssigkeitskeil von verschiedener Dicke. Arbeitet man mit einer Chlorophyllösung, so erscheint sie in direktem Sonnenlichte in den dickeren Schichten für das freie Auge blutrot, desgleichen auch unter dem Mikroskop. Mit Hilfe dieses Verfahrens läßt sich die Fluoreszenz des Äskulins mit einem einzigen mikroskopischen Schnitt durch die Rinde von Aesculus Hippocastanum demonstrieren. Besonders scharf gestaltet sich der Nachweis, wenn man auf die Flüssigkeit in direktem Sonnenlicht oder aus starker Lichtquelle mittels Lupenlinse einen Lichtkegel wirft. Viel schöner läßt sich Fluoreszenz im Tropfen und Schnitt mittels des Fluoreszenzmikroskopes prüfen und verfolgen. Freilich ist die Apparatur kostspielig und gerade nur hier verwendbar.

Biologische Reaktionen. In manchen Fällen, wo chemische Reagenzien versagen oder für vitale Prozesse infolge ihrer Giftigkeit nicht anwendbar sind, haben sich biologische Methoden infolge ihrer Empfindlichkeit sehr bewährt, z. B. beim Nachweis von Spuren von Sauerstoff aus einer oder wenigen Zellen.

So beruht die ENGELMANNsche Bakterienmethode auf der außerordentlichen Sauerstoffempfindlichkeit gewisser Bakterien. Es ist bereits lange bekannt, daß viele Bakterien ein lebhaftes Bedürfnis nach Sauerstoff haben, bei Sauerstoffmangel unbeweglich, bei Sauerstoffzufluß beweglich werden, sich unterm Deckglas um Luftblasen ansammeln oder dem sauerstoffreichen Deckglasrande zustreben.

Bringt man nun in einen an bewegungsfähigen Bakterien reichen Tropfen einige grüne Zellen, z. B. Euglena, Stückchen von Fadenalgen oder einige braune Diatomeen (z. B. Navicula), bedeckt mit dem Deckglas und stellt eine oder mehrere dieser Zellen im erleuchteten Gesichtsfeld des Mikroskops bei etwa 200- bis 300maliger Vergrößerung ein, so sieht man, wie sich in kurzer Zeit lebhaft schwärmende Bakterien um diese Zellen anhäufen!

Verdunkelt man nun plötzlich das Gesichtsfeld so weit, daß die schwärmenden Bakterien noch deutlich sichtbar sind (oft reicht viel geringere Verdunklung aus), so stellen letztere alsbald ihre Bewegung ein und bleiben entweder still am Ort liegen oder zerstreuen sich allmählich passiv bewegt in der umgebenden Flüssigkeit.

Die minimalen Mengen Sauerstoff, die bei der Assimilation weniger grüner Zellen entstehen, werden durch das „lebende Reagens“ angezeigt.

Die Empfindlichkeit dieser biologischen Reaktion ist eine geradezu verblüffende. Sehr sensible Bakterien, namentlich gewisse Spirillen, zeigen noch den trillionsten Teil eines Milligramms Sauerstoff an. Nach C. MAXWELLS Berechnung beträgt der wahrscheinliche Wert des Gewichtes eines Sauerstoffmoleküls etwa ein Dreizehntrillionstel Milligramm, mit anderen Worten, die Bakterienprobe vermag (theoretisch) sicher noch ein Molekül Sauerstoff anzuzeigen.

Nötig hierzu sind nur empfindliche Bakterien. Zu diesem Zwecke lege man sich verschiedene Kulturen von Bakterien in Gläsern an. Einige Einsiedegläser werden mit gewöhnlichem Leitungs- oder Brunnenwasser beschickt und dann entweder mit einigen faulen Erbsen, mit etwas Fleischextrakt, mit Pferde- oder Kuhmist, mit Heu oder einem toten Regenwurm versehen. Bewegliche Stäbchen oder Spirillen treten oft dominierend auf und können dann ohne weiteres verwendet werden. Noch besser ist es, sich von sauerstoffempfindlichen beweglichen Bakterien Reinkulturen zu verschaffen, weil dann die ganze Versuchsanstellung sauber ausfällt. Der Bakterientropfen wird auf den Objektträger gebracht, mit den zu untersuchenden kohlensäureassimilierenden Zellen versehen, mit dem Deckglas bedeckt und der Rand rasch mit Vaselin, Wachs oder Paraffin verschlossen, um die Verdunstung der Flüssigkeit und ein Zuströmen des Sauerstoffes zu verhindern. Im Anfang erscheinen die Bakterien gleichmäßig verteilt, aber alsbald ändert sich, falls im Licht beobachtet wird, das Bild: die Bakterien sammeln sich in unmittelbarer Nähe oder auf eine geringe Distanz um assimilierende, d. h. Sauerstoff abgebende Zellen an. Bei Verdunklung zerstreuen sie sich, werden unbeweglich, um bei erneuter Beleuchtung wieder zu den grünen Zellen zu schwimmen.“

Die Prüfung in Licht und Dunkel ist nötig, um Irrtümer durch evtl. gleichzeitig auftretende chemotaktische Bewegungen zu vermeiden.

Man ist vielfach geneigt, anzunehmen, daß mikrochemisch nur einfachste Reaktionen durchführbar sind. Daß aber auch am Objektträger kompliziertere Laboratoriumsreaktionen ausführbar sind, zeigen der Mangannachweis (S. 23), die Darstellung von Kobaltsulfid zum Kalinachweis (S. 18), der Tryptophannachweis (S. 41), besonders aber die Methoden WISSELINGHS zum Chitosannachweis (Azetylierung, Methylierung am Objektträger, S. 71) oder der Nachweis von Spaltprodukten (Hydrastinin, Opiansäure, S. 46, Tropaalkaloide S. 47).

II. Anorganischer Teil.

A. Kationen.

a) Kalium.

Nachweis.

1. Reaktion mit Platinchlorid. Mit einer 10proz. Lösung von Platinchlorid geben Kaliumverbindungen sofort und nach etwas Eindunsten lebhaft gelbgefärbten kristallinischen Niederschlag. Es sind gelbe, stark lichtbrechende Kristalle von tesseralem Kaliumchloroplatinat (K_2PtCl_6), meist Oktaeder, Hexaeder oder kompliziertere Formen (s. Abb. 13). E. G. = 0,3 γ.

Da das käufliche Platinchlorid häufig kalihaltig ist, ist unbedingt vor der Reaktion ein Tropfen des Reagens durch Eintrocknenlassen auf Kalium zu prüfen.

Im Schnitt verfährt man am besten so, daß man das Präparat etwas antrocknen läßt und mit einem Tropfen 10proz. alkoholischen Platinchlorid überdeckt. Die alkoholische Lösung dringt sofort ins Gewebe ein, die Kristalle entstehen an Ort und Stelle, wenn auch kleiner und sind in Alkohol absolut unlöslich.

Abb. 13. Kristalle von Kalium- bzw. Ammoniumchloroplatinat. Vergr. 285.

2. Kalium neben Ammonium. Dieselbe Reaktion wie Kalium gibt allerdings auch Ammonium. Eine positive Reaktion sagt also noch nicht, ob K oder Ammon oder beides vorliegt. Vom Ammonnachweis wird später zu sprechen sein. Man kann aber die Prüfung auf K trotzdem eindeutig gestalten, wenn man so verfährt. Man macht mit einem Schnitt die Reaktion. Einen gleichen Schnitt verascht man (dabei verflüchtigt sich das Ammon) und prüft die mit 1proz. Salzsäure versetzte Asche wieder.

Die Probe zeigt nur K und ein Vergleich des intakten und veraschten Präparates die K- bzw. aus der Differenz die Ammonmenge.

2. Ein sehr guter Nachweis auf Kalium ist der als *Kalium-Kupfer-Blei-Nitrit.* E. G. = 0,15 γ (Abb. 14).

Als Reagens dient eine Lösung von 20 g Natriumnitrit, 9,1 g Kupferazetat, 16,2 g Bleiazetat und 2 cm³ Essigsäure in 150 cm³ Wasser, die in gutschließenden kleinen Flaschen aufbewahrt werden muß. Auch dann hält sie sich nur ca. 2 Wochen. Auf Zusatz der grünen Flüssigkeit erscheinen am Rande des Tropfens und dann auch im Schnitt schwarze Würfel, die sich speziell auch im grünen Gewebe sehr scharf abheben. Ganz dünne Kristalle erscheinen gelbbraun bis dunkelrot. Ammonium stört nicht, evtl. aber organische Basen.

Abb. 14. Kristalle von Kalium-Kupfer-Blei-Nitrit. Vergr. 285.

3. Speziell zum lokalisierten Nachweis kleinster Mengen in der Zelle eignet sich die Reaktion mit *Natriumkobaltnitrit.* Die Substanz wird in so viel 10proz. Essigsäure eingetragen, bis sie sich eben noch löst. Es entstehen im K-haltigen Schnitt oder Lösungstropfen sofort orangerote Kristalle der K-verbindung. Den Überschuß des Reagens entfernt man durch Waschen mit 10proz. Essigsäure. Will man die kleinen Kriställchen besonders sichtbar machen, so legt man die Schnitte für mehrere Stunden in destilliertes Wasser und versetzt dann mit 1 Tropfen Glyzerinammonsulfid, bereitet aus gleichen Teilen Glyzerin und Ammonsulfid (Einleiten von Schwefelwasserstoff in Ammoniak vom spezifischen Gewicht 0,96). Die gelben Kobaltkristalle färben sich durch Umwandlung in Kobaltsulfid schwarz.

Das Reagens wurde viel gelobt. Der Histochemiker wird es jedoch ungern anwenden. Die Herstellung der Reagenzien ist langwierig und im biologischen Laboratorium unangenehm, das Kobaltreagens nur einen Tag haltbar, eine Unterscheidung von Kalium und Ammonium nicht möglich.

Zum Einüben auf die Kaliumreaktion verwendet man am besten Schnitte von Kartoffel oder einer Rübe.

Vorkommen. Das Kalium ist in jeder Pflanze vorhanden und nachweisbar.

Besonders reich an Kali sind alle jungen, alle lebenstätigen Gewebe und die Reserveorgane. Deshalb ist es besonders gehäuft in den Vegetationspunkten, dem lebenstätigen Parenchym (Blätter, lebendes Holz und Rinde), in Knollen (Kartoffel) und Rhizomen (Rübe) und im Samen. Die Samen enthalten meist über 20% Kali in der Asche, manche Hölzer noch mehr (Tanne bis 40%). Manche Pflanzen sind überhaupt besonders reich an Kali (z. B. Kartoffel, Zuckerrübe, Tabak, Hopfen, Wermut).

In der Zelle ist das Kali besonders im Zellsaft und in der Membran konzentriert. Nach den bisherigen Ergebnissen dürfte es nur in anorganischer Form in der Pflanze vorliegen, organisch gebunden wurde es noch nicht gefunden.

b) Natrium.

Nachweis. Zum Nachweis verwendet man am besten Uranylazetat (4 g in 100 cm³ Wasser + 4 Tropfen Essigsäure), das mit Natriumverbindungen die charakteristischen Kristalle von Natriumuranylazetat bildet. Das Reaktionsprodukt zeigt schön ausgebildete Tetraeder und dreistrahlige Kristallskelette (s. Abb. 15), deren größere lichtgelb erscheinen und dunkle Flecken zeigen. Wo viel Magnesium zugegen ist — und das ist relativ häufig — bilden sich die rhomboedrischen Kristalle des Tripelsalzes Natrium-Magnesium-Uranylazetat.

Abb. 15. Kristalle von Natriumuranylazetat. Vergr. 180.

Die Natriumuranylverbindungen haben den Nachteil, daß sie relativ leicht wasserlöslich sind, also nur aus konzentrierten Lösungen ausfallen. E.G. ca. 0,5 γ. Man muß daher den Lösungstropfen oder Schnitt möglichst antrocknen und dann mit dem Reagens ohne Deckglas in der Gaskammer abdunsten lassen. Die Kristalle bilden sich immer außerhalb des Schnittes am Rande des Tropfens. Ist sehr wenig Natrium vorhanden, so daß neben dem beim Eindunsten kristallisierenden Uranylazetat nur wenig Reaktionsprodukt ausfällt, das schwer zu erkennen ist, so verascht man, nimmt die Asche in wenig Essigsäure auf und prüft. Man vergesse nie das Reagens durch Eindunstenlassen auf Na-Verunreinigungen zu prüfen (auch aus dem Aufbewahrungsgefäß wird mit der Zeit Na herausgelöst).

Noch besser (E. G. = 0,1 γ), besonders bei geringen Na-Mengen, wirkt Uranylammoniumazetat, von dem eine Spur des Pulvers direkt an den Rand des eingeengten Tropfens gebracht wird. Es entstehen fast sofort die Tetraeder.

Versuchsobjekt: Blätter von Kohl oder Spinat oder Kartoffelknollen.

Vorkommen. Das Natrium ist im Pflanzenreich recht weit verbreitet. Am meisten enthalten immer die Pflanzen, die im natriumhaltigen Wasser oder Boden stehen, Meeres- (Algen) und Strandpflanzen (Salicornia, Salsola, Halophyten), aber auch die Pflanzen, welche von Strandpflanzen stammen oder mit ihnen verwandt sind (Rübe, Spinat, Kohl). Bei den Landpflanzen hängt, abgesehen von ihrer Verwandtschaft und erblichen Fähigkeit, Natrium aufzunehmen und zu speichern, der Natriumgehalt sehr von der Beschaffenheit des Bodens und seinem Natriumgehalt ab. Bezüglich der Verteilung im Organismus zeigen die Blätter und auch Samen (2%) den höchsten Gehalt.

c) Ammonium.

Nachweis. Der eindeutige Nachweis ist der, daß man aus den Ammonsalzen des Präparates durch Alkali das Ammoniak in Freiheit setzt und dieses nun mit Platinchlorid als Ammonchloroplatinat nachweist (s. S. 18). Der NH_3-Nachweis ist in der Gaskammer (S. 12) elegant zu führen. Auf den Objektträgerboden der Kammer kommt das Objekt und auf dieses ein Tropfen 5proz. Natronlauge (nicht Kalilauge, da leicht durch Verunreinigung des Deckglases hiermit das Kalium mit Platinchlorid reagiert und die Ammonreaktion vortäuscht), worauf der Glasring der Kammer sofort mit einem Deckgläschen, auf dessen Unterseite ein Tropfen 10proz. wäßriger Platinchloridlösung angebracht wurde, zugedeckt wird. Bei Gegenwart von Ammonverbindungen wird aus diesen durch die Lauge Ammoniak in Freiheit gesetzt, das als Gas aufsteigt, mit dem Platinchlorid reagiert und so in reiner Form die gelben Oktaeder usw. (zwar nicht zu unterscheiden von der Kaliverbindung, aber hier nicht gestört durch Kaliverbindungen) von Ammonchloroplatinat gibt.

Bester und empfindlichster Nachweis s. Amine, S. 43.

Versuchsobjekt: Küchenzwiebel.

Vorkommen. Das Ammonium findet sich unter natürlichen Verhältnissen nur in relativ geringen Mengen, da es schnell weiterverarbeitet wird. Nur in etiolierten Pflanzen, in den

Wurzelknöllchen (von Leguminosen und anderen) und bei Bakterien und Pilzen tritt es in größeren Mengen (auch als freies Ammoniak) auf.

Im Organismus findet es sich am stärksten in der Wurzel (den Aufnahmeorganen aus dem Boden) und nimmt im Stengel gegen die Blätter und Sproßspitzen mit zunehmendem Verbrauch rasch ab.

d) Calcium.

Nachweis. 1. Der Nachweis aller in der Zelle gelösten und ungelösten Ca-Verbindungen wird am einfachsten mit Schwefelsäure durch Überführen in Gips geführt.

Bedeckt man einen Tropfen kalkhaltiges Leitungswasser oder einen Gewebeschnitt mit einem Tropfen 2proz. Schwefelsäure und läßt ohne Deckglas eindunsten, so bilden sich bald (bei wenig Kalk) die charakteristischen Einzeltafeln oder Karlsbader Zwillinge, (bei viel Kalk) Nadelbüschel von Gips; noch in einem Tropfen Wiener Leitungswasser (Abb. 16).

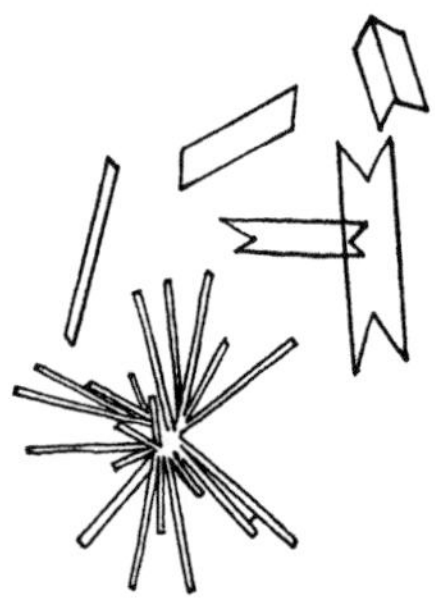

Abb. 16. Kristalle von Calciumsulfat (Gips). Vergr. 285.

Die Reaktion gelingt auch noch mit den kleinsten Mengen (0,04 γ) und läßt sich auch zum lokalen Nachweis (in der Mittellamelle der Zelle bilden sich direkt kleinste Gipsbüschel) gut verwenden. Bei der angegebenen Konzentration der Schwefelsäure lagern sich z. B. Oxalatdrusen unterm Zusehen an Ort und Stelle in Gipsbüschel um, ein Teil des Reaktionsproduktes bildet sich allerdings immer infolge Herausdiffundieren des gelösten Ca außen am Präparat.

Bei sehr verdünnten Lösungen oder geringem Ca-Gehalt verwendet man 2proz. alkoholische Lösung, in der der Gips wegen seiner Schwerlöslichkeit sofort und quantitativ ausfällt.

2. Ebenso auf gelöste und ungelöste Kalkverbindungen reagiert eine Mischung von gleichen Teilen einer halbgesättigten Lösung von Kalilauge und einer gesättigten von Kalikarbonat (Pottasche).

Es entstehen unter Deckglas sechsseitige Plättchen und aus solchen zusammengesetzte Rosetten von einem Ca-K-Doppelsalz. Man läßt die Präparate (um das Ausfallen der Lauge zu vermeiden) nicht eintrocknen, beobachtet sofort oder stellt sie für einige Zeit in die feuchte Kammer oder umrandet das Deckglas sofort mit Paraffinöl. (Abb. 17.)

Abb. 17. Kalknachweis als Kali-Kalk-Doppelsalz (nach MOLISCH). Vergr. 285.

3. Ausschließlich *gelöstes* Ca kann man mit 5proz. Oxalsäure, der etwas Essigsäure zugesetzt ist, nachweisen. Es bildet sich ein feiner unlöslicher Niederschlag von kleinen Calciumoxalatkriställchen. E. G. = 0,06 γ (s. Abb. 33a).

4. 10proz. wäßrige Lösung von Seignettesalz (mit etwas Essigsäure) gibt mit gelösten Ca-Verbindungen nach einigem Stehen ohne Deckglas große rhombische Prismen von Calciumtartrat. E. G. = 0,03 γ (s. Abb. 32).

Zur Diagnose der einzelnen Ca-Verbindungen sei noch die Löslichkeit bemerkt: Oxalat ist in Wasser und Essigsäure unlöslich, in Salzsäure (3 bis 5%) glatt löslich (in Schwefelsäure löslich unter Umwandlung in Gips), Karbonat löst sich schon in Essigsäure unter Aufbrausen (Entweichen der Kohlensäure), Sulfat in Wasser, in Essigsäure nicht (beim Glühen unverändert) und Phosphat schon in Wasser und Essigsäure langsam, in verdünnter Salz- und Schwefelsäure (Gips) schnell.

Zur Übersicht über die Kalkabscheidungen in einem Gewebe legt man Schnitte in Chloralhydrat (5 T. Chloralhydrat in 2 T. Wasser). Das Gewebe wird dabei so durchsichtig, daß man einen wunderbaren Überblick über die Kalkablagerungen erhält. Da Form, Lagerung und Verteilung fast für jede Pflanze spezifisch sind, erhält das Verfahren diagnostischen Wert zur Beurteilung der Herkunft von Pflanzenteilen.

Dasselbe gilt von Aschenpräparaten. Da die festen Kalkverbindungen beim Glühen unverändert bleiben — Kalkoxalat wandelt sich in Kalkkarbonat, bei längerem Glühen in Kalkoxyd um, ohne seine Form zu ändern — und da auch die Membranen fast durchweg mit Kalk (s. S. 14) oder Kieselsäure inkrustiert sind, bleibt beim Veraschen der Gewebezusammenhang erhalten und gibt ein veraschtes Gewebestück, in Anilin oder Kanadabalsam eingelegt, einen guten Überblick über Lagerung und Verteilung der Kalkabscheidung in der Pflanze (s. S. 15).

Abb. 18. Asche von der Rinde der Quillaja Saponaria. Pseudomorphosen von Kalkkarbonat nach Kalkoxalat mit Kohleteilchen. Vergr. 180.

Vorkommen. Nach dem Gesagten ist klar, daß das Calcium das Element ist, dem man immer in irgendeiner auffälligen Form und auch in den relativ größten Mengen in der Pflanze begegnet. Es findet sich gelöst, soweit es aus dem Boden aufgenommen ist und in der Pflanze (als Nitrat, Sulfat, Phosphat, Chlorid, Oxalat, Malat, Tartrat usw.) tätig kreist, aber auch vielfach angehäuft, zu unlöslichen Verbindungen umgewandelt, als Calciumoxalat, -karbonat, -phosphat, -sulfat und -tartrat, daneben auch in organische Moleküle eingebaut (z. B. die Globoide im Aleuron der Samen als Ca-Mg-Inosit-Phosphorsäure aufbauend und als Ca-Verbindung der Pektinsubstanzen die die Zelle zusammenkittenden Mittellamellen bildend).

Calciumoxalat. Mit Ausnahme der Diatomeen (Kieselpanzeralgen, s. S. 28), der Cyanophyceen (Blaualgen, s. unten) und Equiseten (s. S. 28) ist diese Verbindung fast bei allen Pflanzen im festen Zustande zu finden, und zwar in einer Form und Verteilung durch die Pflanze, die fast für jede Art oder Gattung charakteristisch ist (s. S. 30).

Die Form ist sehr mannigfaltig. Es liegt entweder in Form von Einzelkristallen des monoklinen (Quillajarinde, Abb. 18 und 19) oder tetragonalen

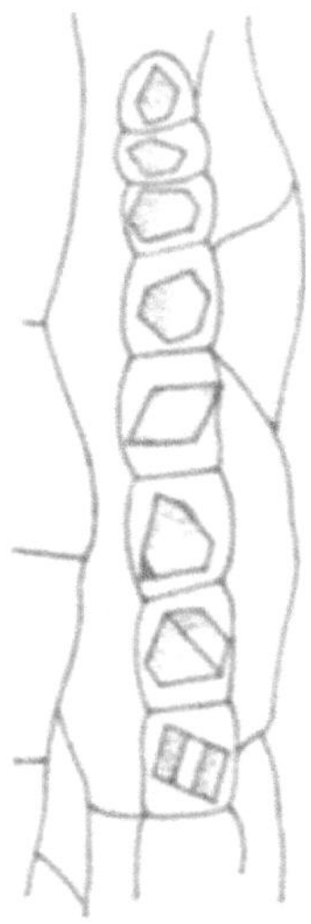

Abb. 19. Einzelkristalle von Kalkoxalat in einer Kristallreihe aus einer Deckschuppe von Fagus silvatica. Vergr. 285.

Abb. 20. Raphidenbündel in einer Zelle von Amaryllis. Vergr. 180.

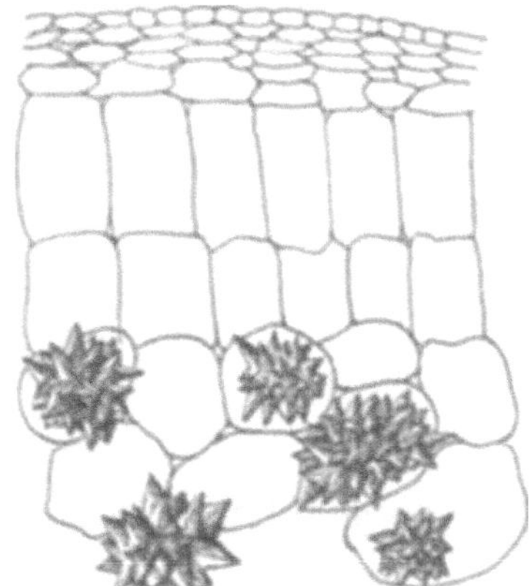

Abb. 21. Querschnitt durch den Stamm von Opuntia mit Drusen von Calciumoxalat. Vergr. 325.

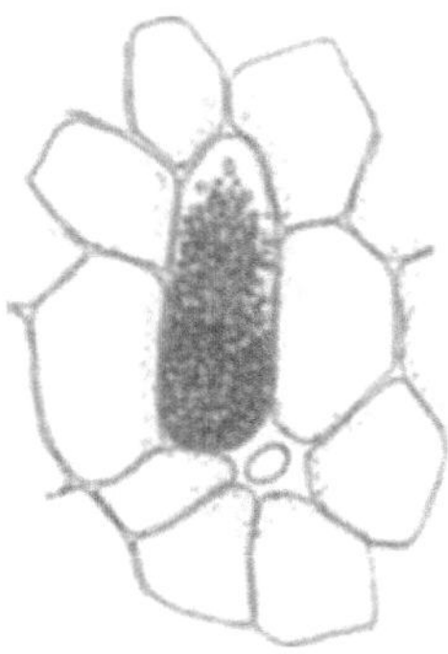

Abb. 22. Kristallsandzelle aus der Rinde von Sambucus niger. Vergr. 180.

Systems (Begonia) oder in Form von Raphiden (Bündeln von nadelförmigen, schmalen Blättchen, die parallel geordnet wie Pakete liegen, Abb. 20) bei Liliazeen und Orchideen oder von Drusen (Opuntia und andere Kakteen, Abb. 21) oder endlich als feiner Kristallsand ganze Zellen erfüllend (Tabak, Atropa Belladonna, Abb. 22) vor. Das Oxalat liegt meist im Zellinnern, selten in der Membran (Dammara, Thuya, Dracaena).

Calciumkarbonat. Gelöst und in fester Form vorkommend. Als solches der Membran außen aufgelagert: bei Kalkalgen in solchen Mengen, daß sie gesteinsbildend wirken (Lithothamnienkalk), bei Blaualgen, bei Wasserpflanzen (Chara) und Wüstenpflanzen (Tamarix); in die Membran eingelagert: in den Haaren der Borragineen usw., in den Zystolithen (in die Zelle ragenden Membranlamellen, die dicht mit Kalkkarbonat inkrustiert sind, Ficus, Urtica, Abb. 11a), in der Fruchtschale von Celtis und Lithospermum) und **in den Zellen** (die Holzelemente vieler Hölzer — Celtis, Ulmus, Fagus usw. — wie ein Ausguß erfüllend).

Calciumsulfat. Als Gips selten. Bisher gefunden in den „Endbläschen" der Zieralgen (Desmidiaceen) als kleine tanzende Kriställchen und im Parenchym von Tamaricaceen.

Calciumphosphat. Häufig gelöst und beim Liegen der Objekte in Alkohol in Form von Sphärokristallen (kugeligen Drusen, aus feinen radial angeordneten Nadeln zusammengesetzt), z. B. in den Knollen von Dahlien neben Inulin, in Agave und manchen Euphorbien.

e) Magnesium.

Nachweis. Der Nachweis wird mit höchster Empfindlichkeit (0,012 γ) durch Bildung von *Ammonmagnesiumphosphat* geführt.

Die Schnitte kommen in ein Tröpfchen 0,1proz. Natriumammonphosphatlösung ($NaHNH_4PO_4 + 12H_2O$) und werden unbedeckt in die feuchte Kammer, in der ein Schälchen mit konzentriertem Ammoniak (zur Erzeugung einer Ammoniakatmosphäre) steht, gebracht. Oder man bringt das Präparat über den Hals einer Ammoniakflasche. In wenigen Minuten entstehen die charakteristischen Schneeflockenkristalle, Kreuze und Einzelkristalle in Dachform (Abb. 23).

Abb. 23. Kristalle und Zerrformen von Magnesiumammoniumphosphat. Vergr. 285.

Zum Nachweis auch des *organisch* gebundenen Mg in grünen Organen (Chlorophyll) und Samen (Globoide) kann man die Schnitte veraschen, die Asche mit 10proz. Salzsäure aufnehmen und den Lösungstropfen wie oben behandeln.

Viel eleganter gelang der Nachweis im intakten Gewebe (Klein [3]) so:

Der Objektträger wird mit dem Schnitt oder Tropfen unterm Abzug auf den gereinigten Hals einer Bromflasche verkehrt aufgelegt (1 bis 2 Stunden), dann mit etwas verdünntem Ammoniak versetzt (zur Entfärbung des Schnittes durch Bindung des Broms als Ammoniumbromid). Durch diese Behandlung wurde das Magnesium fast quantitativ aus seinen organischen Bindungen abgespalten und gibt nun mit Natriumammonphosphat die prächtigen Fiedern von Ammonmagnesiumphosphat. Gelingt mit jedem chlorophyllhaltigen Schnitt.

Mit Hilfe dieser Methode läßt sich auch das anorganische neben dem organisch gebundenen Mg schön nachweisen.

Einige Schnitte werden der Probe unterworfen. *Anorganisches Mg.*

Parallelschnitte werden in siedendem Wasser getötet, so lange in wiederholt gewechseltem destillierten Wasser (24 Stunden) belassen, bis sie keine Mg-Reaktion mehr geben, dann der Brombehandlung unterworfen und wieder auf Mg geprüft. *Organisches Mg.*

Übungsobjekt: Milchsaft, grüne Blätter.

Vorkommen. Das Magnesium liegt in anorganischer, gelöster Form und organisch gebunden (maskiert) in den Globoiden (s. S. 61), sonst in Eiweißkörpern und speziell im Chlorophyllmolekül vor.

Besonders die jugendlichen Gewebe sind reich an Magnesium. Im Holz ist der Gehalt hoch (5—10%, Birke und Eiche bis 25% der Asche), die Rinde enthält weniger, manche Blätter wenig, andere viel (Kartoffel 28%) anorganisches Magnesium, sehr viel enthält der Milchsaft von Ficus.

f) Mangan.

Nachweis. Mangan wird analog dem Magnesium als Ammoniummanganphosphat gefällt. Schnitte oder mit Salzsäure aufgenommene Asche wird mit einem Tröpfchen 0,5proz. Natriumammonphosphatlösung versetzt und in die Ammoniakkammer übertragen. Es bilden sich die entsprechenden Verbindungen von Mg, Mn und auch Fe.

Die Manganverbindungen unterscheiden sich von den anderen durch zwei Merkmale. Einmal bleiben seine Kristalle beim Abwaschen im Gegensatz zu den anderen am Deckglas (dieses muß durch Waschen mit Alkohol, Salzsäure und Wasser fettfrei sein) haften und dann geben nur sie mit n/10-Kaliumpermanganatlösung tiefbraune Färbung, die sehr auffällig ist, wenn man den Permanganattropfen mit Wasser wegwäscht.

Um auch schwerer lösliche Mn-Verbindungen im Schnitt nachzuweisen, legt man diesen vor der Behandlung auf kürzere Zeit in 0,1 % Salzsäure.

Vorkommen. Mangan findet man fast überall, bei manchen Pflanzen in riesigen Mengen, so bei Koniferen (Tannenholz 28%, -rinde 40% der Asche). Auch Wasserpflanzen und Eisenbakterien (in den Scheiden) speichern Mangan in großen Mengen.

g) Eisen.

Nachweis. Ferriverbindungen werden durch die überaus empfindliche Berlinerblauprobe mittels gelbem Blattlaugensalz nachgewiesen. E. G. = 0,07 γ. Das gebildete Berlinerblau bleibt an Ort und Stelle eingelagert und zeigt so die Lokalisation des Eisens in der Zelle. Zarte Objekte und Schnitte kommen in einen Tropfen 2proz. gelbes Blutlaugensalz, dem man nach einiger Zeit einen Tropfen 5proz. Salzsäure zufügt. Die Färbung tritt sofort ein. Größere Objekte legt man nach dem Quellen in Wasser (24 Stunden) in Schälchen auf mehrere Stunden ins Blutlaugensalz und dann kurz in Salzsäure. Um sie durchsichtiger und die Eisenverteilung übersichtlicher zu machen, überträgt man nach der Behandlung in Chloralhydrat.

Ferroverbindungen weist man analog mit rotem Blutlaugensalz als Turnbullsblau nach.

Starke Säuren scheiden aus gelbem Blutlaugensalz allein schon Berlinerblau ab!

Legt man je eine Probe in gelbes und rotes Blutlaugensalz, so erhält man ein Bild, ob anorganisches Eisen und in welcher Form es vorhanden.

Durch Veraschung und nachträgliche Reaktion mit gelbem Blutlaugensalz erhält man vergleichsweise die Menge des organisch gebundenen Eisens.

Beim Nachweis des Fe ist sehr rein zu arbeiten (Verunreinigungen durch das überall gegenwärtige Eisen!); es dürfen nur blanke Rasiermesser, besser Messer aus Messing usw. und nur Glasnadeln zum Hantieren mit den Präparaten verwendet werden.

Vorkommen. Das Eisen ist wohl in kleinsten Mengen in jeder Zelle enthalten. Nur ein Teil des Eisens liegt in anorganischer Form vor, der andere ist organisch gebunden, entzieht sich dem Nachweis mit den anorganischen Reagentien und kann erst nach Veraschung (Zerstörung der organischen Bindung) nachgewiesen werden.

Sehr gute Objekte zum Eisennachweis sind Eisenbakterien, Algen (besonders die Zieralgen [Höfler], Closterium usw.) und viele Samen, z. B. der weiße Senf.

Das anorganische Fe liegt entweder in der zweiwertigen Ferro- oder der dreiwertigen Ferriform vor.

h) Aluminium.

Nachweis. Aluminium läßt sich sehr gut und empfindlich (0,08 γ) als Cäsiumalaun nachweisen. Versetzt man eine Aluminiumlösung oder einen Schnitt mit einem Tropfen eines Gemisches von gleichen Teilen einer 33proz. Lösung von Cäsiumchlorid und einer 39proz. Schwefelsäure, so bilden sich in wenigen Minuten farblose, lichtbrechende Oktaeder der genannten Verbindung. Gilt auch für den Nachweis in Alaunpapier.

Versuchsobjekte: Sporenstände von Equisetum.

Vorkommen. Manche Pflanzen speichern große Mengen, so die meisten der nicht auf Bäumen lebenden Angehörigen der Lycopodiaceen bis 40%.

i) Kupfer.

Nachweis. Kupfer läßt sich auch in Spuren (0,03 γ) als Verunreinigung nachweisen durch Darstellung von *Kaliumkupferbleinitrit* (s. S. 18). Man läßt Tropfen oder Präparat eintrocknen, fügt ein Tröpfchen verdünnter Essigsäure zu, dann ein Körnchen Bleiazetat, je einen Tropfen konzentriertes Kaliumnitrit und konzentriertes Ammonazetat. Sehr bald entstehen braune bis schwarze Würfel der Kupferverbindung. Zum Bleinachweis läßt sich die Reaktion umkehren.

Vorkommen. Da Kupfer relativ häufig in Böden vorkommt, ist es relativ oft in Pflanzen (z. B. Strychnos) gefunden worden. Dazu kommt noch Verunreinigung durch Spritzen der Kulturpflanzen mit Kupferkalkbrühe, Aufbewahren in Kupfergefäßen, durch Imitieren der naturgrünen Farbe von eingelegtem Gemüse mit Kupfersalzen usw.

B. Anionen.

a) Chlor.

Nachweis. Am besten ist der Nachweis des Chlor als Silberchlorid. Man verwendet eine 1proz. Lösung von Silbernitrat in einer 10proz. Ammoniaklösung. Silbernitrat allein gibt einen weißen, amorphen Niederschlag, der nichts sagt; das Ammoniak verzögert die Ausfällung und gibt im offenen Tropfen schöne, stark lichtbrechende Oktaeder und Hexaeder von Silberchlorid in wenigen Minuten (Abb. 24). Sie werden an der Luft bald blauviolett und schließlich schwarz. Um ja nicht irre zu gehen, kann man dem Reagens Methylenblau (1 : 5000) zusetzen, das die Kristalle von Silberchlorid und unter diesen Bedingungen nur diese lichtblau gefärbt entstehen läßt. E. G. = 0,05 γ.

Abb. 24. Kristalle von Silberchlorid. Vergr. 400.

Versuchsobjekt: Primula obconica, Brennessel oder eine Meeresalge, die man vorher in destilliertem Wasser abgespült hat, um das anhaftende Meerwasser mit den Salzen zu entfernen.

Vorkommen. Chlor ist so ziemlich allgemein im Pflanzenreich vorhanden, nur in ganz verschiedener Menge. Die am Meeresstrand wachsenden Pflanzen und auch die mit ihnen verwandten Inlandspflanzen führen Chlor in großen Mengen. So sind Statice und Tamarix von Chloriden so überschwemmt, daß diese an der Blattoberfläche in Krusten ausgeschieden werden. Auch Schachtelhalme, Hanf, Brennessel, Wolfsmilch, Umbelliferen und Lilien führen größere Mengen; Süßwasseralgen, Flechten, Moose und Nadelhölzer wenig.

In der Pflanze steigt der Chlorgehalt von der Wurzel zur Spitze, die Blätter sind besonders im Parenchym reich an Chlor. (Anhäufung als Ballaststoff im Gegensatz zu Nährelementen, die in der Pflanze von unten nach oben abnehmen.)

b) Jod und Brom.

Nachweis. Legt man ein Stückchen oder einen Schnitt einer Laminaria auf den Objektträger in einen Wassertropfen, dem etwas Weizen- oder Kartoffelstärke zugesetzt wurde, fügt einen Tropfen verdünnte Salpetersäure zu und bedeckt mit Deckglas, so sieht man die Stärke blau werden. Die Blaufärbung ist die bekannte Jodstärkereaktion, die durch das in Freiheit gesetzte Jod an der Stärke auftritt (siehe S. 33). Brom gibt dabei eine orangegelbe bis braune Färbung.

Vorkommen. Das Vorkommen dieser beiden Elemente ist nur auf Meeresalgen und unter diesen fast ausschließlich auf Braunalgen beschränkt, aus denen es ja auch im Großen gewonnen wird (in Laminaria ca. 12 mg Jod auf 100 g frische Algen). Außerdem kommt Jod auch in Süßwasser- und Landpflanzen in Spuren vor, ebenso wie überall im Wasser, Erde und Tieren.

Es ist zum Teil in anorganischer Form, zum Teil aber organisch gebunden. Aus dieser Bindung kann es vorläufig nur durch Veraschung befreit und nachgewiesen werden.

c) Nitrat.

Nachweis. 1. Am einfachsten ist der Nitratnachweis mit Diphenylamin, das auch mit geringsten Nitratmengen eine tiefblaue Färbung gibt. Verwendet wird am besten eine Lösung von 0,05 g Diphenylamin in 10 cm^3 reiner konzentrierter Schwefelsäure. Man vermeide jede Verunreinigung des Reagens, da es sonst durch Verkohlung der hineingefallenen Partikel braun wird.

Läßt man Schnitte etwas eintrocknen und überdeckt mit einem Tropfen des Reagens, so tritt sofort Blaufärbung an den nitrathaltigen Stellen auf. Die Färbung wird aber bald diffus und verschwindet nach einiger Zeit. Die Reaktion hat nur einen großen Nachteil, daß sie an Holzschnitten nicht oder schlecht gelingt, da die Holzsubstanzen durch die Schwefelsäure rasch verkohlen und dadurch die Reaktion verhindern oder stören.

2. Deshalb wird vielfach eine Kristallreaktion mit „Nitron“ durchgeführt. Verwendet wird eine Lösung (10%) von Nitron in 5% Essigsäure.

Das Reagens gibt in kurzer Zeit Kristallnadeln der unlöslichen Nitratnitronverbindung. Allerdings gibt auch die in der Pflanze so verbreitete Oxalsäure eine schwerlösliche Verbindung, in geringen Mengen nur eine flockige Fällung. Übrigens unterscheiden sich die Kristalle des Nitrats (stumpfe Kristallenden, im polarisierten Licht Interferenzfarben) von denen des Oxalats (spitze Enden, keine Interferenz).

Vorkommen. Das Nitrat ist in der Pflanze allgemein zu finden, meist in geringen, oft nur minimalen Mengen, da es rasch verbraucht wird. Aber gewisse Pflanzen, die sich nur auf sehr stickstoffreichen Böden ansiedeln (Ruderalflora) oder nur dort gut wachsen, die Nitratpflanzen, speichern Nitrat über ihren Bedarf (Gänsefuß, Brennessel, Kartoffel, Sonnenblume, Bohne, Mais). Im Gegensatz zu krautigen Gewächsen zeigen Holzpflanzen allgemein keine oder nur schwache Nitratreaktionen. Auch das Nitrat nimmt wie das Ammoniak mit fortschreitendem Verbrauch in der Pflanze von der Wurzel (sehr starke Reaktion) bis zur Sproßspitze (minimale Reaktion) ab.

d) Schwefel.

Nachweis. Sulfat weist man nach meinen Erfahrungen am besten als Gips nach. Die Schnitte werden etwas antrocknen gelassen, dann mit einem Tropfen einer 1proz. Calciumchloridlösung überdeckt und ohne Deckglas eindunsten gelassen. In 12 bis 24 Stunden zeigen sich am Rande des Tropfens die charakteristischen Kristalle von Calciumsulfat. E. G. $= 2\,\gamma$ (Abb. 16).

Von den vielen guten Reaktionen auf reines Sulfat hat sich im Gewebe sonst keine bewährt.

Versuchsobjekt: Keimlinge von Bohne, Kürbis usw.

Elementaren Schwefel weise ich am besten so nach (Klein u. Limberger): Die Probe kommt auf eine Stunde auf dem Objektträger über den Hals einer Bromflasche. Dabei wird der S zu Sulfat oxydiert und dieses gibt dann mit einem Tröpfchen 1proz. Calciumchlorid dichte Fällung der Nadelbüschel von Gips. (Siehe auch Nachweis von S in Kautschuk, S. 39, und Senfölen, S. 55.)

Auch der organisch gebundene Schwefel läßt sich nachweisen. Entweder man verascht und nimmt die Asche in 1proz. $CaCl_2$ auf (Gipskristalle).

Oder man hängt den Schnitt 1 bis 2 Stunden über eine Bromflasche (unterm Abzug), versetzt den vom Brom braunen Schnitt mit etwas Ammoniak (zur Entfärbung durch Bindung des Br als Ammonbromid) und setzt dann nach offenem Abdunsten des Reagenztropfens einen Tropfen 1proz. Calciumchloridlösung zu. Durch das Brom wurde der organisch gebundene Schwefel abgespalten, zu Sulfat oxydiert und gibt dann eine schöne Gipsfällung (Klein [3]).

Der Nachweis des anorganischen Sulfats neben organisch gebundenem S läßt sich ebenso wie beim Magnesium (s. S. 22) in Parallelpräparaten führen.

Versuchsobjekt: Keimlinge oder Blätter.

Daneben lassen sich die öligen Schwefeltropfen der Schwefelbakterien noch auf zweifache Weise charakterisieren: Man läßt die Fäden in einem Schälchen oder im hohlen Objektträger antrocknen, nimmt mit einem Tropfen Schwefelkohlenstoff auf und läßt diesen zugedeckt langsam abdunsten. Es bilden sich schöne rhombische Kristalle von Schwefel.

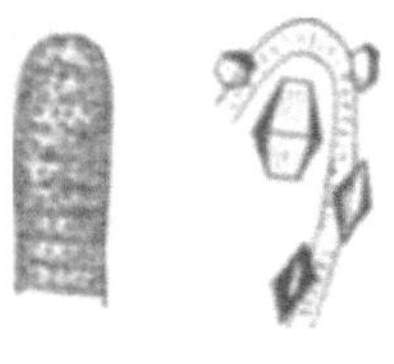

Abb. 25. Schwefelbakterien. Links Fadenstück von Beggiatia mirabilis. Rechts toter Faden von Begg. alba nach längerem Liegen in Glyzerin, außen Schwefelkristalle. Vergr. 285.

Oder man behandelt die Algenfäden 1 Minute mit konzentrierter wäßriger Lösung von Pikrinsäure, wäscht aus und hebt das Präparat in Glyzerin auf. Nach 24 Stunden sind die S-Kügelchen in den Fäden verschwunden, dafür liegen an den Fäden außen Schwefelkristalle (Abb. 25).

Intakt lassen sich die Kugeln in den Zellen nur durch Aufbewahren in konzentrierter Zuckerlösung unter Abschluß mit venetianischem Terpentin erhalten.

Vorkommen. Anorganischer Schwefel findet sich in der höheren Pflanze nur als Sulfat, freilich immer in geringer Menge.

Daneben ist Schwefel in jeder Zelle in organischer Bindung im Eiweiß, in die das Sulfat bei der Assimilation übergeht, aber auch in anderen Formen, z. B. als Senf- und Knoblauchöl, wovon später zu sprechen sein wird (S. 55).

Niedere Organismen bilden auch elementaren Schwefel, entweder in der Zelle (weiße und rote Schwefelbakterien) oder außerhalb der Zelle abgelagert (Thiobakterien). Diese Organismen leben in Schwefelwasserstoff enthaltenden Wässern und oxydieren diesen zu Schwefel, der in halbflüssigen, stark lichtbrechenden, schwarzgeränderten Tropfen in den Zellen der fädigen Schwefelbakterien und außerhalb der Zelle der Thiobakterien in Tröpfchen oder als Kristalle (auf Agar) abgelagert wird. Durch weitere Oxydation zu Sulfat verschwindet der Schwefel immer wieder. Überträgt man die Bakterien in H_2S-freies Wasser, so verschwindet der Schwefel schnell ganz.

e) Phosphor.

Nachweis. Anorganische Phosphate lassen sich mit empfindlichen Reaktionen nachweisen:

1. Man behandelt das Objekt mit einem Tropfen einer Lösung von Ammonmolybdat (1 g Ammonmolybdat zerrieben und in 2 cm konzentrierter Salpetersäure, sp. G. 1,18, gelöst). Es bilden sich am Rande des Präparates bald gelbe, stark lichtbrechende Körnchen, die tesseralen Kristalle von Phosphormolybdat. Die Reaktion ist sehr empfindlich. E. G. $= 0{,}015\,\gamma$.

Die Reaktion ist nicht lokalisiert, da das kolloidale Molybdänreagens in die Zelle nicht eindringt, sondern erst mit dem aus den getöteten Zellen herausdiffundierenden Phosphat außerhalb des Präparates reagiert.

2. Ebenso empfindlich und verläßlich, vielfach auch an Ort und Stelle im Gewebe auftretend, ist die Fällung als Magnesiumammoniumphosphat (über die Formen s. S. 22). In Umkehrung der Reaktion auf Mg verwendet man am besten eine Lösung von 25 cm^3 konzentriertem Magnesiumsulfat, 2 cm^3 konzentrierter Ammonchloridlösung und 15 cm^3 Wasser (Magnesiamixtur).

Den organischen Phosphor kann man entweder nur in der Asche mit den genannten Reagenzien nachweisen oder man verwendet im intakten Schnitt folgendes Verfahren (KLEIN [5]):

Die Schnitte werden mit einer 5proz. Lösung eines Eisensalzes, am besten Ferronitrat, durchtränkt, in ein Schälchen mit konzentriertem Wasserstoffsuperoxyd (Mercks Perhydrol) übertragen, bis die stürmische Bildung von Gasblasen vorüber ist und kommen hierauf auf den Objektträger wieder in einen Tropfen Perhydrol. Darauf wird ein Körnchen Zinkstaub zugesetzt, der das überschüssige H_2O_2, das die folgende Phosphatreaktion stören würde, in wenigen Minuten zersetzt.

Das Phosphat ist quantitativ abgespalten und läßt sich nun mit Ammonmolybdat oder Magnesiamixtur durch dichte Fällung nachweisen.

Der Nachweis von anorganischem und organisch gebundenem Phosphat läßt sich wie beim Magnesium und Schwefel in Parallelpräparaten, von denen die einen normal auf anorganischen, die anderen nach Töten, Waschen und Peroxydbehandlung auf organischen Phosphor geprüft werden, führen.

Versuchsobjekt: Eben keimende Leguminosensamen.

Vorkommen. Phosphor ist in der Form des Phosphats in allen Pflanzen und in jeder Zelle vorhanden. Besonders junge, wachsende Pflanzenteile zeigen Häufung von Phosphat. Daneben findet es sich auch immer assimiliert in organischer Bindung, in den Nukleoproteiden, — den Eiweißkörpern, die den Kern aufbauen — und in den Globoiden (s. S. 61). Besonders reich an organisch gebundenem Phosphor sind die Samen.

f) Kohlenstoff (Kohlensäure).

Nachweis. Ob ein Karbonat vorliegt, kann man leicht erweisen, indem man die Kohlensäure durch eine stärkere Säure aus dem Molekül verdrängt und aus der Lösung austreibt. Man behandelt das Präparat mit konzentrierter Salzsäure oder 5- bis 10proz. Essigsäure und sieht alsbald unterm Mikroskop an den Stellen, wo Karbonate lagen, die Gasblasen von Kohlensäure entweichen; z. B. Cystolithen (Ficus, Urtica, Strobilanthes, siehe Abb. 11a)

Kohlenstoff. Daneben hat der Mikrochemiker öfter mit reinem Kohlenstoff in Form von Ruß zu tun, der als Verunreinigung oder als alte Tinte auf alten Schriften, Papyrus usw. zu agnoszieren ist.

Man verwendet zum Nachweis Chromschwefelsäure (1 Teil Kaliumbichromat, 1 Teil konzentrierte Schwefelsäure + 6 Teile Wasser — vorsichtig zufügen!), in der alle organischen Substanzen mit Ausnahme von Kohle in einiger Zeit gelöst werden. Von schwarzer Rußschrift bleiben schließlich nur die in der Flüssigkeit schwimmenden Schriftzüge übrig.

Dasselbe gilt für Kohle und Graphit, also Bleistiftschrift. Braunkohle wird nach einiger Zeit gelöst.

Über kohlenartige Stoffe in Pflanzenmembranen (Phytomelane, s. S. 60).

Vorkommen. Während der Kohlenstoff in organischer Form in überwältigender Fülle und Menge als Gerüst aller organischen Verbindungen und damit aller Lebewesen beherrschend auftritt, kommt er in anorganischer Form im Organismus selten greifbar vor, und zwar in Form von *Kohlensäure* in den *Karbonaten* (Calciumkarbonat, s. S. 21).

g) Silizium, Kieselsäure.

Nachweis. Zum Nachweis des Siliziums eignet sich am besten Flußsäure. Nur ist vorsichtiges Arbeiten nötig. Man überzieht die zu verwendenden Objektträger, um sie vor der Verätzung zu schützen, mit einer dünnen Schicht Kanadabalsam und läßt antrocknen. Auf diese bringt man das kieselhaltige Präparat, setzt ein Tröpfchen Natriumchlorid (5%) zu und dann aus der Flußsäureflasche mit Kautschukstäbchen einen Tropfen Flußsäure. Die Kieselsäure wird gelöst und bald scheiden sich die rötlich leuchtenden hexagonalen Kristalle (Sterne und Rosetten) von Natriumfluosilikat ab. E. G. = 0,05 γ (Abb. 26).

Abb. 26. Kristalle von Natriumfluosilikat. Vergr. 285.

Zur Übersicht über Verkieselungen kann man auf verschiedene Weise verfahren.

1. Man stellt entweder Aschenbilder durch gewöhnliches Glühen in Porzellanschälchen her; feinere, wenig verkieselte Objekte sintern hierbei oft stark zusammen; die meisten Aschenbilder erscheinen überdies von nicht verbrannter Kohlensubstanz (aus den Plasmamassen oder Membranen) bräunlich bis schwärzlich.

Beiden Übelständen kann man abhelfen, wenn man die Präparate erst mit konzentrierter Schwefelsäure oder noch besser mit Salz- oder Salpetersäure oder

Schulzescher Mischung (1 Teil konzentrierte Salpetersäure + 1 Teil konzentrierte Kaliumchloratlösung) bis zur Entfärbung kocht und dann auswäscht und glüht.

Alle Kieselskelette lösen sich nach Vorbehandlung mit Salz- oder Salpetersäure glatt in Flußsäure auf und geben die Fluosilikatkristalle.

2. Größere Objekte legt man in Chromschwefelsäure (s. S. 27), bis alles andere zerstört ist, und wäscht dann vorsichtig in Wasser aus. Man erhält so schneeweiße Skelette.

3. Eine bewährte Methode zur Darstellung größerer Mengen von Kieselsäureskeletten (Diatomeen usw.) ist die: Die Objekte werden im Becherglas mit konzentrierter Schwefelsäure gekocht, dann langsam in der Wärme mit festem Kalisalpeter versetzt (unterm Abzug). Dabei entweichen nitrose Gase und die Flüssigkeit wird entfärbt. Die Erwärmung wird noch eine Weile fortgesetzt, dann absitzen lassen, dekantiert und mit Wasser vorsichtig nachgewaschen. Man erhält schneeweiße Skelette.

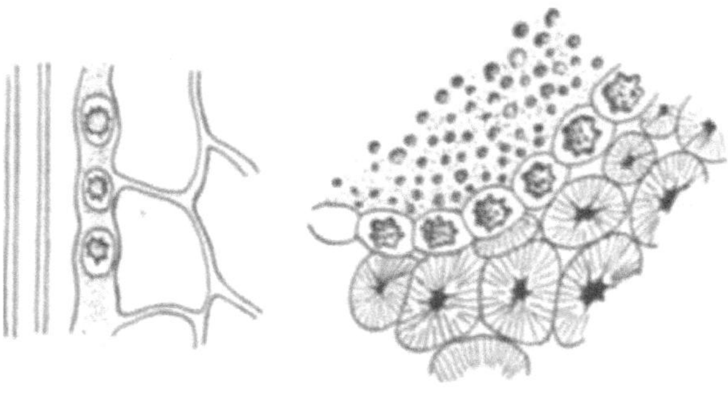

Abb. 27. Deckzellen mit Kieselkörpern in den Bastbündeln von Palmen.
Links: Längsschnitt durch den Blattstiel von Phoenix sp. Vergr. 400.
Rechts: Querschnitt durch das Endokarp von Attalea. Vergr. 285.

Durch Aufhellung kann man im Schnitt sehr schnell Übersichtsbilder erhalten, indem man den Schnitt in einen Tropfen Phenol (Karbolsäure) einlegt. Dabei wird das Gewebe licht, alle Konturen verschwinden, nur die verkieselten Stellen leuchten in rötlichem Glanze. Auf diese Weise kann man leicht jedes verkieselte Membranstück finden (Abb. 27).

Vorkommen. Obwohl die Kieselsäure für die höheren Pflanzen nicht notwendig ist, haben sich doch diese, überwiegend auf kieselsäurehaltigem Boden wachsend, an die Aufnahme der Kieselsäure gewöhnt. Sie ist in den Pflanzen weit verbreitet und fehlt, wo sie im Boden vorkommt, in keiner Zelle.

Man findet sie in der Pflanze nur fest abgeschieden. Und zwar entweder in den Zellmembranen, in den Zellen oder außerhalb der Zellen. Am häufigsten in der Membran abgelagert; bei vielen Pflanzen so dicht, daß alle Membranen damit inkrustiert sind und beim Veraschen ein vollständiges Kieselskelett hinterlassen. Besonders die Epidermis ist bis in die feinsten Einzelheiten verkieselt und läßt sich diagnostisch zur sicheren Erkennung der einzelnen Familien, Gattungen und oft Arten sehr gut verwenden (s. S. 14).

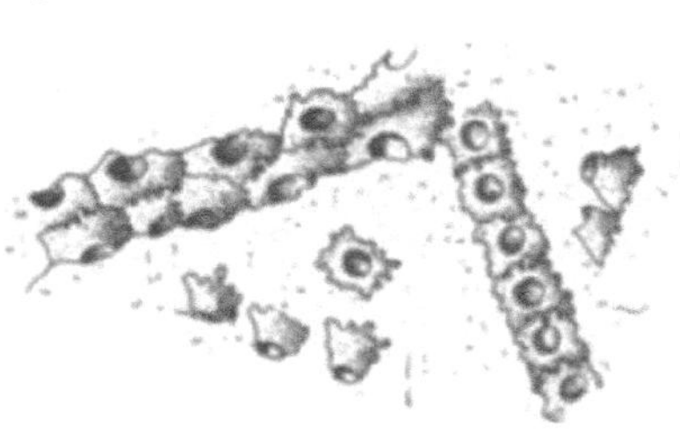

Abb. 28. Kieselkörper aus den Deckzellen von Musa paradisiaca, verascht. Vergr. 285.

Typisch *verkieselt* sind: Diatomeen (auf Grund der feinen Membrandetails der Kieselschalen als Testobjekt bei der Prüfung der Mikroskoplinsen verwendet), von Pilzen Claviceps purpurea, von höheren Pflanzen die Schachtelhalme, Gräser, Cyperaceen (Cyperus esculentus, im Darminhalt 6000 Jahre alter ägyptischer Mumien agnoszierbar), Bananen, Koniferen und besonders Palmen. Bei Urtica sind nur die Haare verkieselt, bei Deutzia, Rubia tinctorum Haare und Epidermis usw. Auch die Cystolithen führen neben den Kalk- noch Kieseleinlagerungen. Campanula persicifolia und viele Bromeliaceen führen in der Außenwand der Oberhautzellen je einen Kieselsäurepfropf.

Im *Zellinnern* finden sich Kieselkonkremente in Blatt und Rinde vieler Magnoliaceen und Chrysobalaneen, in den Blattfiedern des Farnes Angiopteris, schön auch in Blattrand und -spitze der Eichenmistel (Loranthus europaeus). Diagnostisch am wichtigsten sind die Kieselsäureeinlagerungen in den sog. Deckzellen, Stegmata, der Palmen, Orchideen usw. Es sind dies Parenchymzellen, die ring- oder halbringförmig die Bastbündel umgeben und von denen jede einen für die betreffende Art charakteristischen Kieselkörper enthält (s. Abb. 27 u. 28).

Sehr auffallend sind auch die Kieselkörper im schwarzen Endokarp von der Steinnuß (Phytelephas). Hier ist jede Zelle der Palisadenschicht in ihrem trichterförmigen Lumen mit Kieselsäure ausgegossen.

Nach außen abgeschieden finden sich mächtige, weiße Kieselsäureklumpen in den Diaphragmen der hohlen Bambusstengel als sog. Tabaschir.

h) Arsen.

In manchen Fällen könnte es sein, daß man sich qualitativ überzeugen will, ob in oder an einem Objekt Arsen enthalten ist. Verunreinigungen mit Arsenarseniger Säure — (durch Spritzen mit Arsenverbindungen), durch Arsenaufnahme der Pflanzen aus dem Boden (Meerespflanzen enthalten immer Spuren, in 100 g zwischen 10 bis 70 γ).

Es wird mit Salzsäure angesäuert und ein Sulfidfaden eingehalten oder eingetragen. Bei Arsengegenwart färbt sich der Faden (wenn andere Schwermetalle nicht zugegen) eindeutig gelb. Andere Schwermetalle stören die Reaktion.

Empfindlichkeit: 0,01 γ.

III. Organischer Teil.

A. Aliphatische Verbindungen.

Es muß gleich hier betont werden, daß aus der sehr großen Zahl von organischen Verbindungen, die in der Pflanze vorkommen, erst eine geringe Anzahl histochemisch nachweisbar ist. Abgesehen von der Fülle von Verbindungen, ist es besonders das Phänomen der homologen Reihen und der Isomeren, die sich vielfach nicht oder zu geringfügig in ihren Reaktionen unterscheiden, daß für viele Verbindungen noch keine eindeutige Reaktion existiert oder ganze Reihen von Stoffen, die nur eine Atomgruppe (Aldehyde, Zucker) oder -gruppierung (Flavone, Alkaloide) gemeinsam haben, gleich reagieren.

Aufgenommen sind hier nur die Stoffe, die halbwegs eindeutig charakterisierbar und für den Nachweis irgendwie von Bedeutung sind.

1. Alkohole (Mannit, Dulcit, Sorbit). 6-wertige Alkohole, ziemlich verbreitet.

Mannit ist besonders für die Oleaceen und Umbelliferen charakteristisch, bildet das Manna der Mannaasche, ist in Knospen und Blättern von Flieder, von Esche, Kokos, Apium, Skorzonera (auch in den Wurzeln), im Spargel, im Süßholz, in den höheren Pilzen (Champignon), in den Kaffeebohnen, Oliven usw. in größeren Mengen zu finden.

Der Sorbit findet sich in den Früchten der Pomaceen und Prunaceen (besonders in Sorbus aucuparia).

Dulcit kommt in zahlreichen Melampyrum- und Euonymusarten vor.

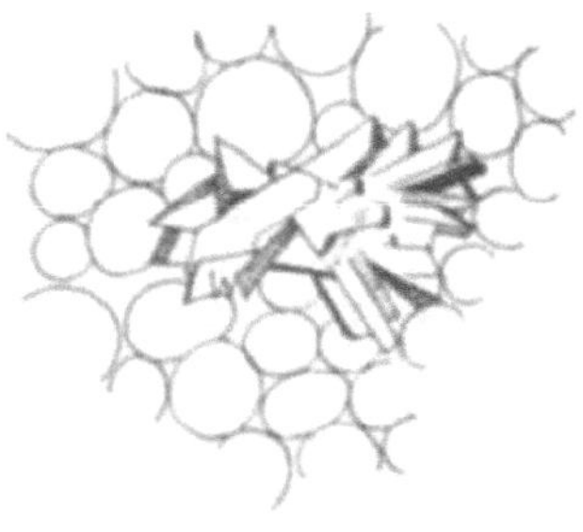

Abb. 29. Dulcitdrusen im Rindenparenchym des Stengels von Euonymus japonicus in Glyzerin (nach MOLISCH). Vergr. 105.

Nachweis. Frische Gewebestücke oder Schnitte werden mit heißem Alkohol versetzt, mit Deckglas bedeckt und langsam abdunsten gelassen (unter Glasglocke). War genügend von der Substanz enthalten, so findet man nach 24 Stunden, besonders am Deckglasrande farblose Nadeln und prismatische Säulen, meist zu Büscheln gruppiert. Sie sind in Wasser leicht, in Alkohol und Glyzerin schwer löslich (Abb. 29). Beim Erwärmen bis 190° gehen sie in eine braune Masse über. Hierdurch und durch das Ausbleiben der Diphenylamin-H_2SO_4-Probe lassen sie sich von gleichaussehenden, gelegentlich mitauftretenden Kristallen von Kaliumnitrat unterscheiden. Trockene Drogen zieht man in der Eprouvette durch Aufkochen mit Alkohol aus und läßt dann den Extrakt unterm Deckglas verdunsten.

Mannit läßt sich aus trockenem Material auch sublimieren. Das Sublimat besteht aus Platten oder bäumchenförmigen Kristallaggregaten. Zum sicheren Nachweis von Mannit kann man auch die am Objektträger gebildeten Kristalle nochmals sublimieren. Sonst lassen sich die drei Körper nicht unterscheiden.

Versuchsobjekt: Für Mannit Handelsmanna oder Blätter vom Ölbaum, für Dulzit junge Triebe von Euonymus, für Sorbit rote Vogelbeeren.

2. Säuren. Während die Säuren der Grenzkohlenwasserstoffreihe (Ameisen-, Essig-, Propion-, Buttersäure usw.) in der Pflanze selten vorkommen und noch nicht mikrochemisch greifbar sind, gehören Oxalsäure, Apfel-, Bernstein-, Wein- und Zitronensäure zu den häufigst vorkommenden Substanzen.

Oxalsäure findet sich als Calciumoxalat (s. S. 21), mit Ausnahme weniger Gruppen, überall in den höheren Pflanzen in charakteristischer Form und Verteilung, daneben auch in Form gelöster Salze (Kalisalz bei Atropa Belladonna, Natriumsalz bei Begonia-, Rumex- und Oxalisarten) und wohl auch als freie Oxalsäure. Apfelsäure kommt speziell bei gewissen Pflanzengruppen gehäuft vor, so Solanaceen (Nicotiana), bei allen Sukkulenten (Kakteen) und bei den Rosaceen (Brombeere, Himbeere, Apfel, Birne usw.), Bernsteinsäure wurde in der Himbeere und Rumex nachgewiesen, Weinsäure ist recht häufig (z. B. Weinbeere, Paradiesapfel und Berberitze), und Zitronensäure findet sich außer bei Zitronenarten auch bei Solanaceen (Atropa, Solanum) und Rosaceen (Himbeere, Apfel, Mispel).

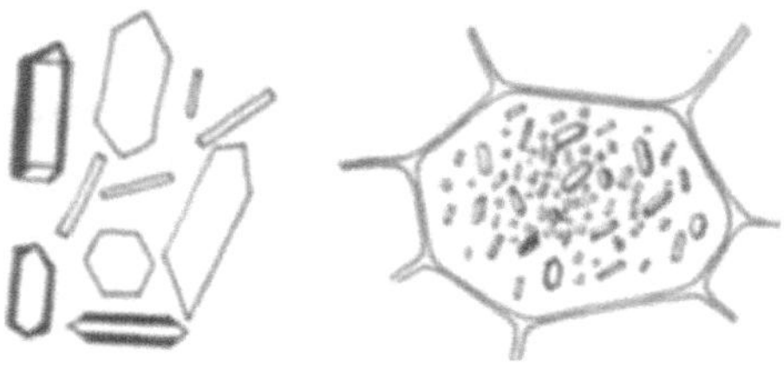

Abb. 30. Kristalle von Silberoxalat. Rechts: in einer Zelle von Begonia. Vergr. 180. Links: stärker vergrößert. Vergr. 400.

Meist kommen zwei oder mehrere Säuren gemeinsam vor.

Nachweis. Einzeln im Gewebe lassen sich bisher nur Oxalsäure und Weinsäure nachweisen.

Lösliche Oxalate (also mit Ausnahme von Calciumoxalat) verwandelt man am besten in:

1. *Silberoxalat.* Man setzt zum Schnitt unter Deckglas etwas Essigsäure und dann einen Tropfen von 1proz. Silbernitrat. Es fallen sofort in den Zellen kleine sechsseitige Plättchen und Stäbchen von Silberoxalat (Blattstiel von Begonia) (Abb. 30).

Abb. 31. Fällung der Oxalsäure als Natriumoxalat in einer Blattstielzelle von Begonia. Vergr. ca. 600.

2. Oder man behandelt den Schnitt mit konzentrierter alkoholischer Kali- oder Natronlauge. Es bilden sich schnell mächtige Nadelbüschel oder Spieße von Kali- oder Natronoxalat (Abb. 31). Die Präparate sind mit Paraffinöl abzuschließen, um das rasche Verdunsten von Alkohol und Ausfallen der überschüssigen Lauge zu verhindern.

Weinsäure oder ihre löslichen Salze geben mit 20proz. Calciumazetat die unlöslichen rhombischen Kristalle von *Calciumtartrat.* Sechsseitige oder rautenförmige Täfelchen und Spieße, oft auch Zerrformen (Weinbeere) (Abb. 32).

Abb. 32. Kristalle von Calciumtartrat. Vergr. 180.

In eleganter Weise lassen sich alle fünf genannten Säuren (frei und aus allen Salzen) aus dem Gewebe durch Sublimation isolieren, trennen und charakterisieren. Der Gang ist kurz der: Das Gewebestück resp. der Schnitt werden in Kupferschälchen (s. Abb. 9) mit einem Tropfen konzentrierter Phosphorsäure versetzt (um die Säuren aus ihrer Salzbindung frei zu machen), mit Nadeln fein zerzupft und die Masse bei 60 bis 70° ca. 15 Minuten behandelt. Der Brei wird nun im Kupferschälchen im

Sublimationsapparat nach KLEIN-WERNER unter Kühlung und vermindertem Druck der fraktionierten Sublimation unterzogen. Der Apparat wird langsam bis auf 110° erhitzt und bei dieser Temperatur ca. 10 Minuten erhalten. Hierauf wird das erste Deckglas abgehoben; das weiße Sublimat (lange Stäbchen und Prismen) ist die gesamte Oxalsäure. Darauf wird ein neues Deckglas angeklebt, bis 130° erhitzt, wieder einige Zeit bei dieser Temperatur erhalten und das Sublimat abgehoben (Bernsteinsäure in kleinen Kriställchen), dann auf 145° erhitzt (pulvriges Sublimat, Anhydride der Apfelsäure), dann auf 170° (amorpher Beschlag, Anhydrid der Zitronensäure) und schließlich auf 190° (amorphes Sublimat, Anhydrid der Weinsäure).

Die einzelnen Sublimate werden dann noch näher speziell charakterisiert.

Das Sublimat der Oxalsäure (die Prismen sind in kleine Kriställchen zerfallen) wird mit einem Tröpfchen 1proz. Calciumnitrat versetzt, es bilden sich die kleinen Kriställchen von *Calciumoxalat*, Abb. 33a (in Wasser und Essigsäure unlöslich, löslich in Mineralsäuren).

Abb. 33a—e. Organische Säuren, nachgewiesen nach KLEIN-WERNER. Vergr. 285.
a Prismen von Calciumoxalat. b Rauten von Bleisukzinat. c Rosetten von Silbermalat. d Nadelbüschel von Silbercitrat. e Sublimat von Weinsäure.

Das Sublimat der Bernsteinsäure wird mit einem Tröpfchen Bleiazetat (1%) in die Rauten von *Bleisukzinat* überführt (Abb. 33b).

Das Apfelsäuresublimat wird mit einem Tropfen 1proz. Silbernitrat versetzt, dann 15 Minuten im Wärmeschrank, in dem ein Schälchen mit 5proz. Ammoniak eingestellt wurde, bei 40° gehalten. Man findet dann die Rosetten von *Silbermalat* (Abb. 33c).

Das Sublimat der Zitronensäure gibt, ebenso wie das Vorhergehende behandelt, dichte Nadelbüschel von *Silbercitrat* (Abb. 33d).

Das Sublimat der Weinsäure gibt schon beim Liegen an der Luft die wetzsteinförmigen Kriställchen der Weinsäure (Abb. 33e) und auch Zerrformen. Sie können ebenso wie die vorherigen zuerst in Ammoniakatmosphäre behandelt werden und geben dann mit Silbernitrat und Essigsäure knieförmige Zwillinge von *Silbertartrat.*

Natürlich wird bei diesem Gang aus den verschiedenen Pflanzen die eine oder andere Fraktion leer sein. Noch 5 γ einer Säure sind bei diesem Gang greifbar.

Will man die Säuren der unlöslichen Salze besonders bestimmen (besonders Kalksalze), so kann man das Präparat zur Extraktion der freien Säuren und löslichen Salze vorerst im Schälchen in Wasser aufkochen und dann die unlösliche Fraktion mit Phosphorsäure aufspalten und durch Sublimation gewinnen.

Versuchsobjekt: Paradiesapfel (Apfel-, Wein-, Zitronensäure) oder Weinbeere (Oxal-, Bernstein- und Weinsäure).

3. Kohlehydrate. I. Zucker. Kohlehydrate sind in jeder Zelle anzutreffen, ihr Nachweis ist demnach einer der häufigsten und wichtigsten. Chemisch sind sie mehrwertige Alkohole mit einer reaktionsfähigen Aldehyd- oder Ketongruppe. Sie liegen entweder als Monosacharide (einfache Zucker), und zwar als Pentosen (Arabinose, Rhamnose) oder Hexosen (Glukose und Fruktose), als Di- und Trisacharide (Rohrzucker, Malzzucker) oder als Polysacharide (Stärke, Glykogen, Inulin, Zellulose) vor.

Stärke, Glykogen und Inulin nur als Reservestoffe, Zellulose als Gerüstsubstanz beim Aufbau der Zellmembranen, die Hemizellulosen als Gerüst- und Reservestoffe (s. S. 58). Daneben gibt es in der Pflanze eine Menge von Verbindungen von ein und mehreren Zuckermolekülen mit den verschiedensten organischen (besonders zyklischen) Substanzen, die sog. Glykoside, von denen jedes für jede Pflanzenart und -gruppe charakteristisch ist.

Gerüstsubstanzen (s. S. 58) und Glykoside (s. S. 49) werden an anderer Stelle behandelt. Hier soll nur von den Kohlenhydraten, soweit sie als Betriebs-, Bau- und Reservestoffe in Betracht kommen, gesprochen werden.

Die zusammengesetzten Kohlenhydrate und Glykoside lassen sich durch Kochen mit Säuren oder Fermente (Amylase, Invertase, Emulsin usw.) in die einfachen Zucker, aus denen sie bestehen, spalten.

Nachweis. 1. *Allgemein* zum Nachweis von Zucker in freiem oder gebundenem Zustand läßt sich die Farbenreaktion mit α-Naphthol und Schwefelsäure verwenden.

Das Präparat wird mit einem Tropfen 15proz. alkoholischer α-Naphthollösung und dann 2 Tropfen konzentrierter Schwefelsäure überdeckt. Bei Gegenwart von Zucker in irgendeiner Form zeigt sich in kurzer Zeit tiefviolette Färbung. Die Reaktion hat orientierenden Charakter.

2. *Einfache Zucker* kann man orientierend auf Grund ihrer Fähigkeit, alkalische Kupfersulfatlösung zu rotem Kupferoxydul zu reduzieren, nachweisen. Dazu benötigt man Fehlingsche Lösung. Sie besteht aus einer Lösung von Kupfersulfat (ca. 7 g auf 100 cm³ Wasser) I und einer Mischung von 17 g Seignettesalz in 40 cm³ Wasser und 10 cm³ Natronlauge (50 g in 100 cm³ Wasser) II. Der Schnitt wird mit einem Tropfen von I und dann von II bedeckt und erwärmt. Es zeigt sich im Moment des Siedens eine gelbrote Fällung von reduziertem Kupfer in und außerhalb des Schnittes. Will man die Reaktion lokalisiert, so legt man die Schnitte erst in Schälchen in die Kupferlösung (I), spült in Wasser ab und überträgt in die siedende Lösung (II).

Dies Reagens zeigt bei längerer Einwirkung allerdings auch Glykosid- und Hemizellulosezucker, der abgespalten wird, an.

3. Die eindeutigste und beste Methode (Kristallprodukt) ist die *Phenylhydrazinprobe*.

Monosacharide geben mit essigsauren Hydrazinen gelbe kristallisierte *Osazone*. Man legt die Schnitte in eine Lösung von 1 Tropfen Phenylhydrazinchlorhydrat (in Glyzerin 1 : 10 gelöst) und 1 Tropfen Natriumazetat (ebenfalls in Glyzerin 1 : 10). Läßt man das Präparat einige Stunden bis Tage liegen, so bilden sich meist an Ort und Stelle prachtvolle Sphärite und Garbenbündel des goldgelben Osazons (Abb. 34); erhitzt man aber am Wasserbad, so treten schon nach $^1/_2$ Stunde beim Abkühlen die Osazone von Glukose und Fruktose auf.

Abb. 34. Glukosephenylosazon im Parenchym des Apfels und außerhalb. Vergr. 180.

4. Man kann aber auch Trauben-, Frucht- und Rohrzucker in mehreren Schnitten nebeneinander nachweisen.

Einige Schnitte behandelt man genau so, wie vorher angegeben, mit entsprechendem Reagens von Methylphenylhydrazinchlorhydrat und Natriumazetat 10 Minuten auf dem Wasserbad. Es reagiert nur Fruktose in Form von gelben bis braunroten, flachen Einzelnadeln, Garben und Sphäriten. Ein zweiter Schnitt wird mit Phenylhydrazin 10 Minuten erhitzt. Es treten Osazone von Glukose und Fruktose auf.

Ein dritter Schnitt wird mit dem Phenylhydrazinreagens $1^1/_2$ Stunden erwärmt. Dabei spaltet sich Rohrzucker in je ein Molekül Glukose und Fruktose und zeigt durch Vermehrung des Niederschlages gegenüber den vorhergehenden Proben seine Anwesenheit. Aus dem Vergleich der drei Proben erhält man also ein annäherndes Bild vom Vorhandensein von Glukose, Fruktose und Rohrzucker nebeneinander.

Versuchobjekt: Feige, Zwiebel.

II. Inulin. Eine Gruppe von Polysachariden, die als Reservestoffe in den unterirdischen Organen vieler Pflanzen, besonders der Kompositen, gelöst gespeichert, durch Alkohol in Sphärokristallen ausgefällt werden und bei der Spaltung nur Fruchtzucker geben.

Nachweis. Dickere Schnitte (z. B. der Dahlienknolle oder von Cichorium) werden mit absolutem Alkohol überdeckt. Sofort entsteht im Gewebe eine Trübung, aus der in 10 Minuten mächtige Sphärite in Form von Kugeln oder Halbkugeln anwachsen (Abb. 35).

Im Alkohol eingelegte, inulinhaltige Organe zeigen immer diese Sphärite in schöner Ausbildung. Sie sind in Alkohol, Glyzerin usw. unlöslich, in heißem Wasser leicht löslich. Sie unterscheiden sich dadurch von den häufig auch gleichzeitig vorhandenen Sphäriten von Calciumphosphat.

Sie geben mit α-Naphthol und Schwefelsäure eine tiefviolette Zuckerreaktion.

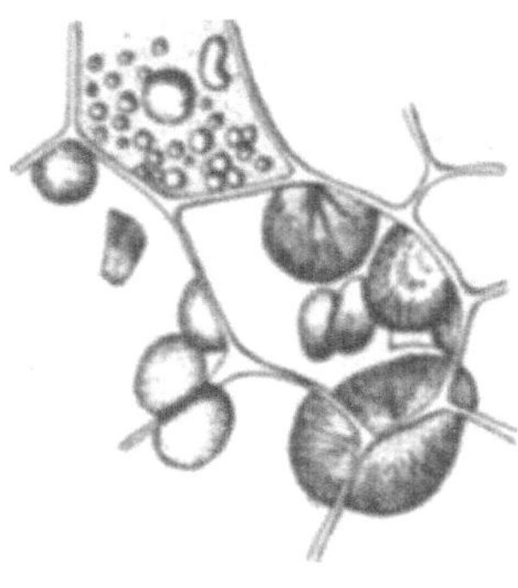

Abb. 35. Inulinsphärite in der Dahliaknolle. Vergr. 180.

III. Stärke. Die Stärke zählt zu den verbreitetsten Zellinhaltsstoffen und begegnet dem Histochemiker fast in jedem Schnitt. Sie fehlt nur bei den Diatomeen, Cyanophyceen und Braunalgen und ist das letzte, komplexeste Produkt, das sich bei der Assimilation im Chlorophyllkorn findet. Abgesehen von dieser autochthonen Stärke, findet man die Stärke in allen chlorophyllfreien Geweben, besonders den Reservestoffbehältern (Holz, Markstrahlen, Knollen, Zwiebeln und Samen), vorübergehend als Kohlehydratreserve in fester Form deponiert. Die Stärke existiert nur in fester, im Organismus unlöslicher Form.

Die autochthone Stärke hat keine charakteristische Form (kleine Stäbchen und Körnchen, Abb. 36a). Dagegen hat die typische Reservestoffstärke eine für jede Art charakteristische Gestalt und Größe (von Bruchteilen von 1 μ bis 100 μ). Darauf beruht ja die Diagnose der Stärke.

Die Form kann kugelig, polygonal (Mais), linsenförmig (Roggen, Weizen, Gerste), stab- oder knochenförmig (Milchsaft der Euphorbien) sein.

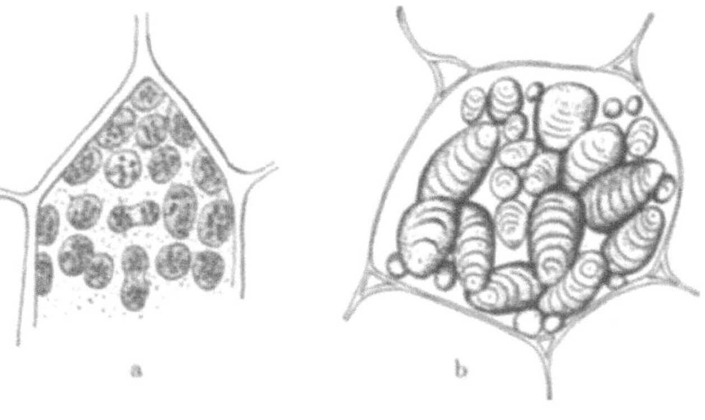

Abb. 36 a, b.
a Autochthone Stärkekörnchen in den Chlorophyllkörnern einer Blattzelle von Mnium, nach Behandlung mit Jodchloralhydrat. Vergr. 450.
b Reservestärke in einer Zelle der Kartoffelknolle. Vergr. 80 (nach MOLISCH).

Die Körner zeigen vielfach Schichtung und können einfach oder zusammengesetzt sein (Abb. 36 b). Die Körner sind nicht amorph, sondern Sphärokristalle, aus radiär angeordneten, trichitischen Kriställchen bestehend. Im Polarisationsmikroskop zeigen sie bei gekreuzten Nikols auf hellem Grund ein schwarzes Kreuz (Abb. 2).

Das Polysacharid Stärke gibt bei der Spaltung erst nur Maltose und dann Glukose. Beim Erwärmen mit Wasser auf 80° verquellen die Stärkekörner zu Kleister. Auch durch Alkalien verquellen sie.

Die Stärke besteht aus Amylose (gibt die bekannte Blaufärbung mit Jod) und Amylopektin (bedingt die Verkleisterung).

Nachweis. Die Stärke läßt sich eindeutig und empfindlich mit Jod nachweisen. Da das Jod nur vom Stärkekorn mit blauer oder violetter Farbe aufgenommen wird, ist der Nachweis streng lokalisiert.

Die Schnitte werden in Jodwasser (Jod in Wasser bis zur Sättigung), Jodalkohol (Jod in Alkohol bis zur Braunfärbung) oder Jodjodkalilösung (1 g Jod in 100 cm³ 3proz. Jodkalilösung) eingelegt.

Für geringe Stärkemengen (besonders im Chlorophyllkorn) nimmt man Jodchloralhydrat (5 g Chloralhydrat + 2 cm³ Wasser + Jod bis zur Braunfärbung). Das Chloralhydrat zerstört die organischen, besonders die störenden, gefärbten Substanzen, die blaue Jodfärbung tritt dann rein hervor.

Manche Stärkearten färben sich mit Jod nicht blau, sondern rot (Stärke von Reis, Panicum, Sorghum, Iris u. a.). Ebenso färbt sich die Stärke der Rotalgen nur rotbraun bis violett.

IV. Glykogen. Das Glykogen findet sich im Pflanzenreich nur bei vielen Pilzen, Bakterien und den Blaualgen, hier als Reservekohlehydrat die Stärke vertretend. Hefe führt bis zu 31% der Trockensubstanz Glykogen, Steinpilz ca. 20%. Bei der Spaltung liefert es erst Maltose und dann Glukose.

Nachweis. Die Objekte werden in wäßrige Jodlösung (0,1 g Jod + 0,3 g Jodkali in 45 cm³ Wasser) eingetragen, wobei sich Glykogen rotbraun anfärbt. Werden die Objekte auf 60° erwärmt, so verschwindet die Farbe, um beim Erkalten wieder aufzutreten. Das Plasma ist und bleibt dabei schwach gelb gefärbt. Bei nur schwacher Färbung muß man in der Beurteilung vorsichtig sein.

Die Naphtholprobe gibt auch hier Violettfärbung.

4. Fette, Öle und Fettsäuren. Bekanntlich bildet Glyzerin mit gesättigten Fettsäuren (Stearin- oder Palmitinsäure) und ungesättigten (Öl-, Eruka-, Linolsäure) Ester (Glyzeride), die im ersten Falle fest (Fette), im letzteren flüssig (Öle) sind. In der Pflanze enthalten die Glyzeride meist verschiedene Fettsäuren und sind verschiedene Glyzeride als Pflanzenfette gemischt.

Wohl jede Zelle enthält Fett, wenn auch in geringen Mengen, oft aber viel, flüssig oder fest (amorph oder kristallisiert).

Die Fette sind, neben Zuckern und Stärke, die wichtigsten Reservestoffe der Pflanze und als solche besonders in den Reservestofforganen (Samen, Früchte, Knollen, Zwiebeln, Pollen, Sporen) angereichert. Sie bilden sich aus Zucker (Stärke) und werden vor der Verwendung wieder in diese zurückverwandelt. Dabei entstehen in jedem Falle zuerst freie Fettsäuren.

Nachweis. Die einzelnen Fette lassen sich als solche nicht unterscheiden; es gibt nur allgemeine Gruppenreaktionen auf Fett. Von den ätherischen Ölen (s. S. 38) unterscheiden sie sich dadurch, daß sie nicht flüchtig und in Alkohol (mit Ausnahme von Ricinusöl) und Eisessig unlöslich sind.

Färbungen. Fette absorbieren gewisse Farbstoffe und färben sich dadurch an. Legt man fetthaltige Schnitte in eine Lösung von *Sudan III* (0,01 g Sudan in 5 cm³ 96proz. Alkohol und 5 cm³ Glyzerin) oder *Scharlachrot* (ebenso bereitet), so färben sich alle Fette, allerdings auch Wachse und Harze intensiv rot.

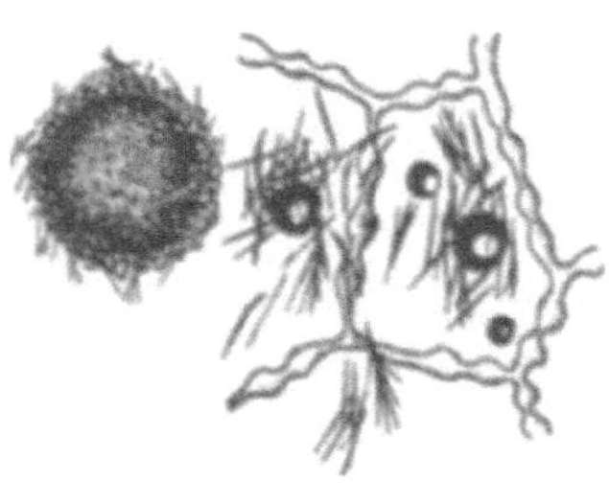

Abb. 37.
Links: Fetttröpfchen aus dem Endosperm von Coffea verseift.
Rechts: Endospermzellen. Fetttröpfchen in Verseifung.
(Nach MOLISCH).

Verseifung. Nur charakteristisch für Fette ist ihre Verseifbarkeit als Glyzeride mit Alkalien. Dabei werden die Fettsäuren frei und kristallisieren als Alkalisalze aus.

Die Schnitte werden in das Verseifungsreagens (1 Volumen konzentrierte wäßrige Kalilauge + 1 Volumen konzentriertes Ammoniak) gelegt, mit Deckglas bedeckt und nun 24 Stunden in der feuchten Kammer oder mit Paraffinöl umrandet stehengelassen. Die Öltropfen sind dann in aus Kristallnadeln bestehende Massen umgewandelt, die besonders durch ihre Brechung im Polarisationsmikroskop zu erkennen sind (Abb. 37).

Fallen sowohl Verseifung wie Färbung positiv aus, so hat man sicher Fett vor sich.

Es sei nur erwähnt, daß man beim Verseifen gelegentlich (Paprikafruchtscheidewände, Kokosöl usw.) statt der kristallinischen Kugeln gerade und gerollte Fadengebilde (flüssige Kristalle) erhält, die als *Myelinformen* bezeichnet werden (LEDITZNIG).

5. Wachse. Viele Pflanzenorgane, Blätter, Stengel und Früchte zeigen einen weißlichen Überzug, der nicht benetzbar ist und sich abwischen läßt.

Diese Überzüge (Pflaume, Traube, Feige usw.) werden als Wachs bezeichnet, wiewohl vielfach nicht chemisch echte Wachse, sondern echte Fette oder ein Gemisch von Fetten mit freien Fettsäuren oder Wachsen vorliegen.

Sie sind entweder aus Körnchen (Blätter von Tulpe, Kohl, Unterseite von Tannennadeln), Stäbchen (Stengel von Zuckerrohr oder Schilf, Blätter von Musa) oder dickeren Krusten zusammengesetzt (Blätter von Thujaarten, von Copernicia cerifera, 15 mm dick, Stamm der Wachspalme, Ceroxylon, bis 5 cm dick).

Neben diesen Wachsauflagerungen kommt gelegentlich auch *Wachs in der Zelle* und ganzen Geweben angehäuft vor. In den Früchten von Rhus- und Myristicaarten, im Stengel von Balanophoraarten in mächtigen Ablagerungen.

Nachweis. Sie lassen sich beim Erwärmen abschmelzen, auf warmes Glas abdrücken (Abzüge), vielfach als weißer Belag, aber häufig auch kristallisiert sublimieren und aus einem Tröpfchen Äther vom Präparat (abgezogene Epidermis) in Nadelbüscheln usw. umkristallisieren. (Über Nachweis von Öl auf der Epidermis siehe KNOLL.)

B. Zyklische Körper.

a) Phenole.

Allgemeine Reaktion auf die recht weit verbreiteten Phenole: *Pyrogallol, Resorzin, Phlorogluzin, Orzin, Eugenol, Thymol, Quajacol* usw.

Man behandelt die Schnitte, die man vorher antrocknen ließ, mit einem Tropfen frisch bereiteter (Haltbarkeit ca. 1 Woche) Vanillinsalzsäure (0,005 g Vanillin in 1 cm^3 Alkohol $+ {}^1/_2$ cm^3 Wasser $+$ 3 cm^3 konzentrierte Salzsäure). E. G. $= 1\,\gamma$.

Phlorogluzin färbt hellrot, Orzin und Resorzin violettrot bis blauviolett usw.

Die Reaktion läßt nur auf Phenole im allgemeinen schließen.

1. Phlorogluzin. Phlorogluzin kommt frei wie andere Substanzen vor. Es fehlt bei Algen, Pilzen und Flechten und tritt erst bei den Farnen auf. Reich an Phlorogluzin sind besonders die Theaceen, Rosaceen und Leguminosen.

Nachweis. Phlorogluzin in freier und gebundener Form läßt sich folgendermaßen sehr empfindlich nachweisen. Schnitte werden mit einem Tropfen einer Lösung von 0,5 g p-Dimethylaminobenzaldehyd in 8,5 g konzentrierter Schwefelsäure und 8,5 g Wasser überschichtet. Phlorogluzin zeigt sich fast sofort durch eine tiefrote Färbung an. Allerdings gibt auch Katechin eine ähnliche Reaktion.

2. Phloroglukotannoide. Verbindungen von Gerbstoffen mit Phlorogluzin. Sie liegen als feste, braune Klumpen, als Inklusen, in den Zellen vieler Früchte vor (Tamarinden, Ceratonia, Rhamnusarten, Phönix dactylifera, Mespilus usw.). Sie werden mit Lauge grün, blau bis violett und mit dem Phlorogluzinreagens tiefrot.

3. Eugenol. In vielen ätherischen Ölen (Piment-, Gewürznelken-, Kalmus-, Lorbeerblätter-, Basilikum- und Patschuliöl).

Im Öl oder Schnitt (z. B. von Gewürznelken) gibt konzentrierte Schwefelsäure rote bis violette Färbung, mit konzentrierter Kalilauge wachsen aus jedem Öltropfen zahlreiche, lange, säulen- oder nadelförmige Kristalle von Kaliumeugenolat.

4. Asaron. Im Rhizom von Asarumarten und im Kalmusöl. Der Querschnitt durch das Rhizom von Asarum zeigt in zahlreichen Parenchymzellen ölige Tropfen, die mit konzentrierter Schwefelsäure gelb-orange-granatrot werden. (Nicht zu verwechseln mit Sekretzellen, die schon in natura durch Anthocyan rot gefärbt sind.)

b) Aldehyde.

Aldehyde finden sich in der Kutikula der Oberhaut vieler Pflanzen eingelagert, in der Holzsubstanz aller verholzten Membranen und in vielen ätherischen Ölen. (Z. B. wurde im Kampfer-, Anis-, Kümmel-, Rosmarin-, Pfefferminz- und Schafgarbenöl Azetaldehyd, in Cajeputöl Butyr- und Valeraldehyd, im Zitronenöl Oktyl-, in Rosen- und Zimtöl Nonylaldehyd, aber auch Benz-, Anis-, Zimt-, Cumarin- und Salizylaldehyd gefunden.)

Zum Nachweis aller Aldehyde als Gruppenreagens ist das Schiffsche Reagens sehr gut brauchbar. Es ist eine Lösung von 0,025 g Fuchsin in 100 cm³ Wasser, in die schweflige Säure (aus Natriumsulfit + H_2SO_4) bis gerade zur Entfärbung eingeleitet wird. Schnitte im verschlossenen Schälchen (damit das SO_2 nicht entweicht) im Reagens gehalten, zeigen vielfach die Kutikula (z. B. Fuchsia), alle verholzten Elemente (besonders den Holzteil im Gefäßbündel) und alle aldehydhaltigen Öltropfen leuchtend rot.

Um im Gewebe vorhandene aliphatische oder aromatische, flüchtige Aldehyde und Ketone zu erfassen oder an der Hand von Vergleichspräparaten zu identifizieren, ist folgende Methode oft brauchbar: Das frische oder wasserdurchfeuchtete Gewebe oder ein Tropfen einer wäßrigen Lösung kommt in die Mikrogaskammer (s. S. 12), darüber ein dicht aufsitzendes Deckglas, an dessen Unterseite ein Tropfen von p-Nitrophenylhydrazinchlorhydrat (gesättigt in 15proz. Essigsäure) angebracht wurde. Der flüchtige Körper kondensiert sich entweder sofort oder nach einigem Stehen bei Zimmertemperatur, auf jeden Fall aber nach gelindem Erwärmen auf dem Wasserbade im Reagenstropfen und gibt eine mehr oder minder starke Fällung von Kristallen der betreffenden Hydrazone, die sich an der Kristallform, Farbe und dem Mikroschmelzpunkt (mit Vergleichspräparaten von reinen Hydrazonen) identifizieren lassen. Quantitativ ist der Versuch, wenn man im Mikrodestillationsapparat destilliert und hiervon einen Tropfen zur beschriebenen Reaktion nimmt, z. B. Azetaldehyd aus vielen Früchten, Aldehyde in ätherischen Ölen von Blüten (GRIEBEL u. WEISS).

c) Säuren.

1. Benzoesäure. In der Frucht der Preißelbeere (in großen Mengen), der Moosbeere, im Sekret der insektenfressenden Pinquicula und Utricularia und in vielen Harzen (Benzoe-, Peru-, Tolubalsam) frei oder mit Alkoholen verestert. Leicht löslich in Alkohol, Äther, Benzol und Chloroform, aus diesen schön kristallisierend.

Nachweis. Benzoesäure läßt sich am besten durch Mikrosublimation in der Mikrogaskammer nachweisen (Preißelbeere, Marmelade, Fett, Harzklümpchen). Es bilden sich am Deckglas leicht und schnell die charakteristisch in allen Farben irisierenden Blättchen (Abb. 38). F.P. 121. Sie geben mit ammoniakalischem Silbernitrat (1 g Silbernitrat in 100 cm³ 5proz. Ammoniakwasser) bald grasartige Büschel von langen Blättchen des *Silberbenzoats*.

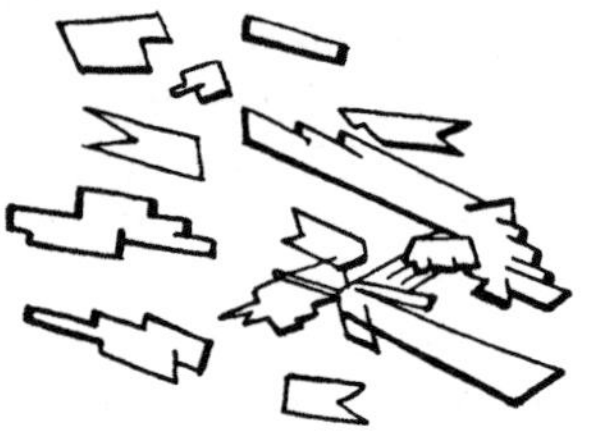

Abb. 38. Kristallsublimat von Benzoesäure aus der Preißelbeere. Vergr. 120.

2. Zimtsäure. Teils frei, teils mit Alkoholen verbunden, in Styrax, Tolubalsam, Perubalsam, Aloe-, Xanthorrhoeaharz, im Kassiaöl, in Cinnamonumblättern.

Läßt sich aus Harzen leicht sublimieren, aber erst bei höherer Temperatur als die Benzoesäure, die oft zusammen mit Zimtsäure vorkommt. Diese löst sich im Gegensatz zu Benzoesäure in Wasser, leuchtet im polarisierten Licht in allen Farben, Benzoesäure erscheint grau. Benzoesäure verflüchtigt sich vom Deckglas in wenigen Tagen, Zimtsäure nicht. Zimtsäurekristalle werden in Silbernitrat nur braun, Benzoesäure gibt die vorgenannten schönen Kristalle.

Läßt man auf Sublimate Bromdämpfe $^1/_2$ Stunde einwirken und setzt dann ein Tröpfchen Schwefelkohlenstoff zu, so bilden sich Nadelbüschel der Dibromzimtsäure, Benzoesäure löst sich größtenteils.

3. Ferulasäure. Ferulasäure (Kaffeesäuremonomethylester) wurde in Asa foetida, in dem Oppoponax der Umbelliferen und im Überwallungsharz von Pinus Laricio gefunden.

Sublimiert leicht, in Prismen und Nadelbüscheln erhältlich (Abb. 39), die sich in Alkohol und Äther lösen und umkristallisieren lassen und gibt mit Phlorogluzin und Salzsäure (s. S. 50 u. 59) tiefrote Färbung.

Abb. 39. Sublimat von Ferulasäure aus Asa foetida. Vergr. 250 (nach MOLISCH).

4. Kumarin. Kumarin (Kumarinsäureanhydrid) ist aus Waldmeister, Steinklee, dem Ruchgras, Herniaria glabra, Ageratum mexicanum, der Tonkabohne (Dipterix odorata), der Rinde vom Weichselrohr usw. bekannt, erst postmortal entstehend.

Kumarin läßt sich leicht (schon bei 75° C) in Aggregaten von Prismen sublimieren. Das Sublimat gibt mit Jodtinktur (s. S. 34) oder Chlorzinkjod (s. S. 58) braune Tröpfchen, aus denen sofort schmutzigviolette Nadelbüschel einer Jodkumarinverbindung herauswachsen.

5. Umbelliferon. Umbelliferon (Oxykumarin) ist in Harzen (z. B. Galbanum), in der Rinde von Daphne mezereum, in Herniaria hirsuta gefunden.

Es sublimiert leicht in kurzen Nadeln und Stäbchen, die sich aus heißem Wasser, Alkohol und Chloralhydrat umkristallisieren lassen. Diese Lösungen fluoreszieren gegen eine dunkle Unterlage schon am Deckglas blau.

6. Methystizinsäure. In der Wurzel von Piper methysticum (Kawa-Kawa).

Ein Gewebestück wird mit 50proz. Kalilauge unter Deckglas aufgekocht und nach Abdunsten eines Teiles der Flüssigkeit verdünnter Alkohol (1 Wasser, 1 Alkohol) zugesetzt. Nach 24 Stunden wachsen aus den braun gewordenen Tropfen zarte, gebogene Kristallnadeln heraus. Man wäscht die mitkristallisierte Lauge mit Wasser aus. Die Kristalle der Methystizinsäure bleiben allein zurück.

7. Santonin. Das Lakton der Santoninsäure für die Wurmsamen genannten Flores cinae, die Blütenköpfchen von Artemisia Cina B., charakteristisch.

Man extrahiert 10 bis 20 Blütenköpfchen mit Benzol am kleinen Rückflußkühler (s. S. 11) und läßt die Lösung im Schälchen abdunsten. Der Rückstand wird im Mikrosublimationsapparat (s. S. 13) bei ca. 145° sublimiert und das Sublimat wieder mit Benzol umkristallisiert. Die gelblichen Prismen schmelzen bei 171°.

Setzt man zu dem Sublimat Jodwasserstoffsäure, so lagern sich die Kristalle in grünliche oder grünlichbraune Platten um, die violett dichroitisch erscheinen (HERNDLHOFER).

d) Phytosterine.

Die Phytosterine sind hochmolekulare Alkohole, den Cholesterinen des Tierkörpers entsprechend. Sie sind in geringer Menge in allen lebenden Zellen, in niederen (Mutterkorn) und höheren Pflanzen (Leguminosen), in größerer Menge die Fettansammlungen begleitend, besonders reich auch im Milchsaft der Pflanzen vorhanden.

Sie lassen sich folgendermaßen leicht und sicher nachweisen: Zum Schnitt oder Milchsafttropfen fügt man etwas Alkohol (96%), läßt am Wasserbad auf die Hälfte abdampfen und setzt dann rasch einen Tropfen einer 1proz. *Digitonin*lösung in 96proz. Alkohol zu. Dadurch werden die Phytosterine erst herausgelöst und bilden dann mit dem Reagens nach wenigen Minuten charakteristische, scheibenförmige Nadelbüschel und Schollen. Nach einiger Zeit fallen auch haardünne Nadelbüschel von Digitonin, die aber mit heißem Alkohol ausgewaschen werden können, während das *Digitonid* ungelöst bleibt.

Zum leichten Nachweis nimmt man Milchsaft oder fetthaltige Samen.

e) Chinone.

Juglon (Oxynaphthochinon) (gelb) und Hydrojuglon (farblos) ist in der Familie der Juglandeen häufig (Juglans regia und niger, Carya und Pteryocarya); im Bast, in den Blättern und besonders in den grünen Fruchtschalen unreifer Früchte.

Läßt man Schnitte eintrocknen oder versetzt sie besser mit Wasser, Glyzerin, Alkohol oder Chloroform (in denen Juglon leicht löslich ist) unter Deckglas, so zeigt sich nach dem Abdunsten eine Unzahl kleiner gelber Nädelchen.

1. Juglon läßt sich leicht sublimieren. Es bilden sich im Sublimat gelbe Tröpfchen, aus denen lange gelbe Kristallnadeln kristallisieren.

2. Alle diese Kristallnadeln werden mit Ammoniakdämpfen (in der Gaskammer) *rotviolett*. Schnitte mit wäßrigem Ammoniak behandelt, werden sofort purpurrot.

3. Eine 10proz. Lösung von Kupferazetat erzeugt in kurzer Zeit fast schwarze Kristallnadeln und Nadeldrusen von Juglonkupfer in und auf dem Schnitt. Bromwasser gibt kleine, gelbbraune Kristalle.

Das verwandte *Lapachol* im Lapachoholz von Tecoma speciosa und anderen Bignoniaceenhölzern gibt ebenfalls im Sublimat hellgelbe Kristalle mit starkem Pleochroismus, die sich mit wenig Ammoniak in kupferrote bis schwarze Nadeln umwandeln.

Die übrigen Chinone werden bei den Glykosiden behandelt.

f) Ätherische Öle.

Vorkommen. In vielen Pflanzen (Koniferen, Rutaceen, Myrtaceen, Labiaten, Umbelliferen, Liliaceen usw.) finden sich in den Sekretbehältern von Blättern, Blüten und Früchten stark riechende ölige Substanzen, die meist aus Mischungen von Terpenen und Alkoholen, Aldehyden, Ketonen usw. derselben bestehen.

An Luft und Licht verharzen sie, es entstehen zum Teil feste Körper (Balsame, Harze), wie es bei den Koniferen bekannt ist.

Neben den ätherischen Ölen finden sich in den Sekretbehältern aber auch viele andere Stoffe, z. B. Fette (Salvia glutinosa), Gerbstoffe, Schleime, Phenole (Eugenol), Aldehyde usw.

Der Nachweis geht höchstens mit einiger Wahrscheinlichkeit auf „ätherische Öle" im allgemeinen.

Sie lösen sich wie Fette in Äther, Chloroform usw.; aber auch in Alkohol, Eisessig und Chloralhydrat (s. S. 20). Sie geben dieselben Anfärbungen wie Fette usw. (s. S. 34).

Sie sind im Gegensatz zu den anderen Substanzen, mit denen sie verwechselt werden können (Fette, Harze), flüchtig. (Darstellung im großen durch Destillation mit Wasserdampf.) Läßt man Schnitte durch $^1/_4$ Stunde im Wärmeschrank (bei 100^0) liegen oder durch einige Minuten in siedendem Wasser, so ist das ätherische Öl verschwunden.

Der eindeutigste Nachweis ist der: Man kittet zwei Glasringe, von denen der eine kleiner und niedriger ist als der andere, ineinander auf den Objektträger, gibt in den Zwischenraum Salzsäure und legt auf den höheren ein Deckglas mit einem hängenden Tropfen von kalt gesättigter Glyzerinzuckerlösung, in der die zu untersuchenden Schnitte liegen.

Fast sofort tritt das ätherische Öl unter der Wirkung der Salzsäuredämpfe aus und erscheint im Hängetropfen in Form von kleinen tanzenden Tröpfchen, die bald verschwinden. Der Nachweis ist aber stark negativ und mit viel Kritik anzuwenden.

Dasselbe gilt auch von *Kampfern* (Alkohole oder Ketone von Hydroterpenen). Der Laurineenkampfer von Cinnomomum Camphora und der Sumatrakampfer von Dryobalanops aromatica im ätherischen Öl gelöst, im späteren Alter auch fest ausgeschieden in allen Pflanzenteilen.

Er läßt sich leicht sublimieren und schon am Geruch erkennen.

Betulin. In weißem Holz von Betula alba. Sublimiert spielend. Winzige Korkstückchen zeigen beim Sublimieren zuerst glänzende Kriställchen an der Oberfläche, dann auf dem Deckglas einen dichten weißen Belag. Sie lösen sich nur in Anilin leicht, nicht in Alkohol, Äther, Chloroform.

Konzentrierte Schwefelsäure löst gelb.

g) Harze.

Klebrige, im Wasser unlösliche, in Alkohol, Äther usw. meist lösliche Gemische von ätherischen Ölen, Harzalkoholen, -aldehyden, -säuren, den widerstandsfähigen Resenen und vielen beigemengten Stoffen (Benzoe-, Zimt-, Ferulasäure, Umbelliferon, Asaron, Eugenol), Enzymen, anorganischen Stoffen usw.

Der Konsistenz nach unterscheidet man gewöhnlich Harze, Gummiharze und Balsame. Sie finden sich in der Pflanze ebenso wie die ätherischen Öle, immer in eigenen Sekret- (Harz-) Behältern. Eine chemische Charakteristik der einzelnen Harze gibt es nicht, ebensowenig eine Abgrenzung von den Terpenen.

Die beste Charakteristik wäre wohl der Nachweis einzelner Begleitstoffe, wie der vorher angeführten. Vorläufig beschränkt sich der makrochemische Nachweis auf Löslichkeitsverhältnisse und Farbenreaktionen.

Sie sind im Wasser unlöslich, in Alkohol, Äther, Chloroform, Terpentinöl usw. löslich. Legt man Schnitte in gesättigte wäßrige Lösung von Kupferazetat, so färben sich viele Harze nach einer Woche, freilich auch oft erst nach Monaten, smaragdgrün. Oft leistet Aufkochen in der Lösung gute Dienste. Das Eiweißreagens, konzentrierte Zuckerlösung + konzentrierte Schwefelsäure (s. S. 41), gibt auch mit vielen Harzen rote Färbung. Die Reaktion eignet sich auch gut zum Harznachweis in mit harzsaurer Tonerde geleimten Papieren.

h) Kautschuk.

Sehr verbreitet neben Harzen, Kohlenhydraten, Eiweiß, Fetten usw. in Milchsäften (Euphorbiaceen, Apocynaceen, Asklepiadeen, Moraceen, Kompositen usw.) und im Fruchtfleisch von Loranthusarten (Loranthus europaeus, Strutanthus und Phtirusa). Rohkautschuk ist der erstarrte Milchsaft sehr kautschukreicher Pflanzen (Hevea, 33% im Milchsaft). Im frischen Milchsaft erscheint der Kautschuk (neben Fett) in Form unzähliger Tröpfchen und Kügelchen, die eben die milchige Trübung bedingen.

Die Kügelchen lösen sich in Äther, Benzol und Schwefelkohlenstoff und geben vielfach die Raspailsche Reaktion (s. S. 41). Zur Übersicht hat sich mir folgende Methode gut bewährt:

Man setzt Schnitte oder Tropfen längere Zeit Bromdämpfen aus und wäscht mit Wasser nach. Dabei färben sich die Kautschukkügelchen tief orangerot (Bromprodukt von Kautschuk), alles andere bleibt nach Auswaschen nur gelblich.

Spuren von *vulkanisiertem Kautschuk* lassen sich eindeutig folgendermaßen nachweisen: Man feuchtet das Präparat an und stülpt es über den Hals einer Bromflasche, hebt nach 5 Minuten ab und setzt einen Tropfen einer 1proz. Lösung von Calciumchlorid zu. Alsbald bilden sich dichte Gipsbüschel von imprägniertem Schwefel, der bei der Behandlung zu Sulfat oxydiert wurde (s. S. 25).

i) Gerbstoffe.

Vorkommen. Unter Gerbstoffen werden chemisch sehr verschiedene Pflanzenstoffe zusammengefaßt, die alle tierische Haut in Leder verwandeln, die mit Eisensalzen blaue und grüne Färbungen (geben auch viele andere Stoffe, z. B. Phenole), mit Eiweiß (Leim) und Alkaloiden Fällungen geben und im Wasser und Alkohol relativ leicht löslich sind. Die chemische Erforschung der letzten Jahre hat tieferen Einblick in ihre Zusammensetzung gegeben. Es sind durchwegs mehrwertige Phenolderivate mit einer gewissen Häufung von Hydroxylen im Molekül. Sie oxydieren sich beim Altern zu Gerbstoffroten (China-, Eichen-, Katechurot) und Phlobaphenen (in vielen Rinden).

Hierher gehören auch die Phlorogluzingerbstoffe, die mit Zucker glykosidisch verbunden, mit den Flavonen und Anthozyanen (s. S. 52) verwandt sind (Katechine), die Phloroglukotannoide (s. S. 35). Die Gerbstoffe sind weit verbreitet, von den Moosen bis zu den Blütenpflanzen (besonders gehäuft in den Farnen, Koniferen, Eichenarten usw.).

Nachweis. 1. 1 bis 5% Ferrisulfat in wäßriger oder ätherischer Lösung gibt mit Gerbstoffen im Schnitt violette bis blaue Färbung.

2. Osmiumsäure 1% gibt braune, bläuliche oder schwarze Fällungen. (Allerdings auch Fette, ätherische Öle usw.)

3. Eine konzentrierte Lösung von Kaliumbichromat mit einigen Tropfen Essigsäure gibt voluminöse, braune Fällungen in der Zelle.

4. 1- bis 5proz. Lösungen von Kali- oder Natriumkarbonat geben grau erscheinende Niederschläge, ebenso

5. 1proz. Lösungen von Koffein oder Antipyrin.

6. Schnitte werden in ein Gläschen mit Wasser, in das ein Jodsplitter eingetragen wird, gelegt, bleiben dort 12 Stunden und kommen zur Entfernung des überschüssigen Jod in Alkohol. Die Gerbstoffe sind lokalisiert in unlöslichen, braunen Klümpchen gefällt, die Stärke gleichzeitig blau gefärbt.

Man wird zur Sicherheit immer mehrere Proben anstellen.

k) Flechtensäuren.

Zahlreiche Flechten bilden an den Pilzhyphen charakteristische Stoffe aus, die Flechtensäuren, die sich in Form von Körnchen oder Kriställchen ablagern. Sie kommen sonst nicht im Pflanzenreich vor und sind nur der eigenartigen Symbiose von Pilz und Alge, die zur Flechte vereinigt sind, eigentümlich. Chemisch gehören die Stoffe teilweise zu den aliphatischen, ein großer Teil zu den aromatischen Körpern (Orzin- und Anthrazenabkömmlinge). Bisher sind ca. 140 Körper näher charakterisiert.

Nachweis. 1. *Ölverfahren.* Ein Stückchen vom Rand einer Flechte wird auf dem Objektträger mit einem Skalpell in einem Tropfen *Knochenöl* fein zerschnitten und zerrieben, mit Deckglas bedeckt und über einer kleinen Flamme mehrmals bis zum Auftreten von Blasen erhitzt, dann wird der Flechtenbrei auf eine Seite des Deckglases geschoben, daß das Öl sich auf der anderen ansammelt, und das Präparat einen Tag unter Glassturz liegengelassen. Die meisten Flechtensäuren kristallisieren in dichten, charakteristisch gefärbten Kristallen.

2. *Farbenreaktionen.* Die meisten Flechtensäuren geben mit konzentrierten *Alkalien* (Kali-, Natronlauge, Soda, Ammoniak, Ätzkalk, Ätzbaryt usw.) an Ort und Stelle charakteristische (gelbe, rote, violette, grüne oder blaue) Färbungen.

C. Stickstoffhaltige Körper.

Hierher gehören die im Organismus so wichtigen Eiweißkörper, ihre Bausteine, die aliphatischen und zyklischen Aminosäuren und ihre Abbauprodukte: Indolderivate, Purinkörper, Alkaloide, Harnstoff usw. Sie sollen zusammenhängend behandelt werden.

a) Aminosäuren.

Die Aminosäuren, als die ersten Auf- und Abbaustufen des Eiweiß, sind wohl in jeder lebenden Zelle, wenn auch jeweils nur in kleinen Mengen, vorhanden. In größeren Mengen in den Keimlingen von eiweißreichen Samen, wo Eiweißab- und -aufbau im großen Stile vor sich geht. Die wichtigsten unter ihnen (Alanin, Valin, Leuzin, Cystin, Asparagin und Glutaminsäure und ihre Amide, Asparagin und Glutamin, ebenso die zyklischen Phenylalanin, Tyrosin, Tryptophan usw.) sind wohl in reiner Substanz mikrochemisch schon charakterisiert, aber ihr einheitlicher histochemischer Nachweis steht noch aus.

Nachweis. Allgemein qualitativ lassen sie sich folgendermaßen nachweisen. Werden Schnitte mit Ninhydrin (0,1 g in 30 cm^3 Wasser) einige Stunden stehengelassen oder erwärmt, so zeigen sich die Aminosäuren an einer blauen oder violetten Färbung. Die Reaktion ist nicht für freie Aminosäuren spezifisch, sondern ist auch mit Pepton, Eiweiß usw. positiv, geht also höchstens auf Aminogruppen im allgemeinen. (Zucker färben rötlich.)

Speziell nachweisbar sind vorläufig nur einige unter ihnen.

Asparagin. Dickere Schnitte werden mit Alkohol überdeckt und unterm Deckglas einige Stunden belassen. War genügend Asparagin vorhanden, so ist es in Form von breiten, farblosen Rauten am Schnitte und Deckglasrand zu finden (Abb. 40).

Sie geben mit Ninhydrin Blaufärbung, mit Phosphorwolframsäure (10 % in 10 % H_2SO_4) farblose Tetraeder und mit dem Kupferreagens (0,5 g Kuprichlorid in 20 cm³ Methylalkohol + 20 cm³ Glyzerin + so viel Ammoniak, daß eben noch sichtbare Trübung der tiefblauen Flüssigkeit zu bemerken ist) blaue Sternchen und Rosetten mitten im graublauen Niederschlag von Kupferhydroxyd. (Zum Nachweis am besten dunkelgehaltene Lupinenkeimlinge.)

Abb. 40. Asparaginkristalle aus etiolierten Lupinuskeimlingen. Vergr. 350.

Leuzin. Keimlinge von Leguminosen, Kürbis usw. geben bei Sublimation unter Kühlung (s. S. 12) einen weißen Beschlag, der die Ninhydrinreaktion gibt, mit einem Tröpfchen Wasser umkristallisiert, farblose Sternchen und Platten und mit dem Kupferreagens blaue Nadelkugeln liefert.

Tyrosin. Oxyphenylalanin läßt sich ähnlich wie Asparagin aus Schnitten mit Alkohol oder Azeton in Einzelnadeln oder pinselförmigen Nadelbüscheln kristallisieren. Die Kristalle geben mit Ninhydrin Blaufärbung, beim Erwärmen mit Millons-Reagens (siehe unten) die typische Tyrosinreaktion (Rotfärbung), mit Salpetersäure Gelbfärbung. (Zum Nachweis Kartoffeltriebe oder Leguminosenkeimlinge.)

Tryptophan. Diese wichtige Aminosäure (Indolalanin) läßt sich eindeutig folgendermaßen nachweisen: Schnitte kommen in ein Schälchen mit einer Lösung von Wasserglas und dann in ganz konzentrierte Salzsäure (um das Zerfließen zu verhindern). Überträgt man dann die Schnitte auf den Objektträger in einen Tropfen Salzsäure und fügt eine Spur Formaldehyd und ein Tröpfchen Natriumnitrit hinzu, so färben sich die tryptophanhaltigen Teile in der Zelle und in den Geweben violett.

b) Eiweißstoffe.

Die Eiweißkörper sind hoch zusammengesetzte Körper, dadurch charakterisiert, daß sie im Molekül neben Kohlenstoff, Wasser- und Sauerstoff noch Stickstoff und Schwefel, häufig auch Phosphor enthalten. Sie sind durchwegs kolloidal und lassen sich durch Hitze, Kälte, organische Stoffe (Alkohol, Azeton, Gerbstoffe und Alkaloide) und Metallsalze fällen. Sie bauen sich aus den schon genannten Aminosäuren (s. S. 40) auf und lassen sich durch Säuren und Fermente wieder in diese zerlegen.

Man teilt sie gewöhnlich in einfache *Proteine* (Albumine, Globuline, Gliadine, dazu noch die ersten Spaltprodukte Albumosen und Peptone) und zusammengesetzte Proteide (Nukleoproteide — P enthaltend — und die Kernsubstanz bildend, und Glykoproteide — Zucker enthaltend) ein.

Sie bilden einen wesentlichen Bestandteil von Plasma und Kern, kommen aber daneben auch als Reservestoffe (besonders in eiweißreichen Samen — Leguminosen, Cucurbitaceen usw.) und kristallisiert in der Zelle vor. So finden sich Eiweißkristalle im Kern vieler Pflanzen, im Milchsaft (z. B. Musa), in den Zellen von Epiphyllumarten, in den Proteinkörnern (Aleuron) fettreicher Samen (z. B. Ricinus, Bertholletia, Vitis), in manchen Chromatophoren (s. S. 62), schöne Würfel unter der Korkschale der Kartoffelknolle usw.

Zum Nachweis liegen nur allgemeine Reaktionen (die auf spezielle Bestandteile im Eiweißmolekül reagieren) vor. Deshalb empfiehlt es sich, zur Sicherheit immer mehrere Reaktionen heranzuziehen.

1. *Millons Reaktion.* (1 cm³ Quecksilber wird in 9 cm³ konzentrierter Salpetersäure gelöst und 10 cm³ Wasser hinzugefügt.) Legt man Schnitte in dieses Reagens und erwärmt gelinde, so färbt sich Eiweiß ziegelrot. Das Reagens zeigt Tyrosin, aber auch Phenole (Eugenol, Vanillin usw.) an.

2. *Xanthoproteinreaktion.* Konzentrierte Salpetersäure färbt Eiweißkörper dunkelgelb; die Färbung geht mit Ammoniak in Orange über. Sie zeigt Tyrosin an, geht aber auch mit Harzen, Alkaloiden usw.

3. *Raspailsche Reaktion.* Eiweiß gibt mit konzentrierter Zuckerlösung und konzentrierter Schwefelsäure tiefrote Färbung. Ist Eiweiß und Zucker im Gewebe vor-

handen (s. Samen), so gelingt die Reaktion schon mit Schwefelsäure allein. Der Wert der Alkaloidreaktionen mit Schwefelsäure wird dadurch ganz fraglich (s. S. 44).

4. *Biuret-Reaktion.* Durchtränkt man Schnitte mit Kupfersulfat (10%) und setzt dann Lauge zu, so färbt sich Eiweiß tiefviolett. Gelingt nur bei größeren Eiweißmengen, ist aber eindeutig.

5. Legt man Schnitte in eine 1 proz. Lösung von Vanillin oder Salizylaldehyd und setzt dann halbverdünnte Schwefelsäure (mit einigen Tropfen Ferrisulfat gemischt) zu, so färben sich Eiweißstoffe sofort oder nach Stunden (Erwärmen über Mikroflamme beschleunigt) rot, violett oder blau (Indolkomplex).

6. Versetzt man Schnitte mit frisch bereiteter *Diazobenzolsulfosäure* (2 g Sulfanilsäure wird in 3 cm³ H_2O + 2 cm³ konzentriertem HCl aufgeschwemmt, dann tropfenweise 1 g Natriumnitrit in 2 cm³ Wasser zugefügt, der Niederschlag gesammelt und in konzentrierter Sodalösung aufgenommen), so färbt sich Eiweiß tiefrot. Die Reaktion zeigt Tyrosin und Histidin im Eiweiß an. Behandelt man die Schnitte aber erst mit Salpetersäure (Xanthoproteinreaktion), setzt dann konzentrierte Soda und schließlich das Diazoreagens zu, so zeigt die Rotfärbung nur Histidin im Eiweiß an.

c) Eiweißabbauprodukte.

1. Harnstoff. Im Tierorganismus als entgiftetes Ammoniak, allgemein Exkret, wohl in ähnlicher Rolle auch im Pflanzenorganismus in letzter Zeit vielfach gefunden (bei sehr vielen Pilzen, manchen Keimlingen — Leguminosen — und ausgewachsenen Pflanzen).

Der Nachweis gelingt mit kleinsten Mengen auf folgende Weise: Extrahiert man Stückchen eines Pilz- oder Keimlingsgewebes im Mikroextraktionsapparat (s. S. 11) mit Essigsäure (bei ca. 60° 10 Minuten) und setzt dann zu einem Tropfen des Extraktes am Objektträger ein Kriställchen von Xanthydrol, so fallen in wenigen Minuten die Nädelchen und Nadelbüschel von Dixanthylharnstoff. E. G. = 0,1 γ (Abb. 41). (Die Kriställchen leuchten im polarisierten Licht schön auf und erscheinen im durchfallenden Licht braun, im auffallenden weiß; der Überschuß von Xanthydrol läßt sich mit Essigsäure leicht und vollständig auswaschen. Das Produkt sublimiert im Mikroschmelzpunktapparat um 230° in feinen Stäbchen und schmilzt bei etwa 270° unter Zersetzung. Das Xanthydrol sublimiert schon unter 100° weg (Tauböck, Klein u. Tauböck).

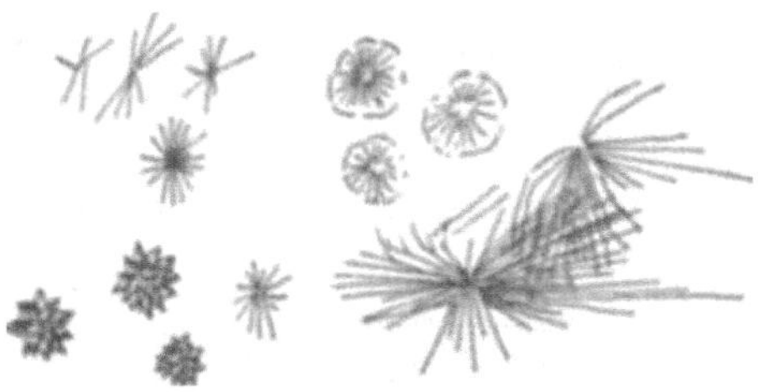

Abb. 41. Nachweis von Harnstoff als Dixanthylharnstoff. Vergr. 400.

Die Lösung gibt auch mit dem Furfurolreagens (5 Teile Furfurol, 2 Azeton, 2 Wasser und 1 konzentrierte Salzsäure) purpurrote bis violette Färbung.

2. Allantoin. In jungen Sprossen und in den Rhizomen von Borragineen (Borrago, Symphytum, Anchusa). Schnitte werden unter Deckglas mit Alkoholessigsäure versetzt (4 Teile Alkohol + 1 Teil Eisessig) und unter Paraffinölabschluß 24 Stunden gehalten. Dann liegen am Rande des Schnittes Einzelkristalle und Drusen von Allantoin, die mit einem Tropfen von Salzsäurefurfurol (5 Teile Furfurol + 1 Teil konzentriertes HCl + 2 Teile Azeton) versetzt sich unter Gelb-, Rot-, Violett-, Schwarzfärbung lösen (wie Harnstoff). Am besten gelingt der Nachweis so (Klein u. Tauböck): Das Gewebe wird mit heißem Wasser (im Mikroextraktionsapparat) ausgelaugt, eingeengt, mit dem doppelten Eisessig versetzt und ein Körnchen Xanthydrol zugefügt. Es fallen Nadelbüschel wie bei Harnstoff (Monoxanthylallantoin), die mit Essigsäure nachgewaschen werden. Sie sublimieren nicht, schmelzen bei 214°. In Knollen von Symphytum offic. und Acerblättern.

3. Amine. Methylamin, Dimethylamin, Trimethylamin, i-Butylamin und i-Amylamin im Exhalat der Blüten vieler Pflanzen und bei der bakteriellen Eiweißfäulnis; in wenigen Pflanzen auch in den vegetativen Organen (Chenopodium

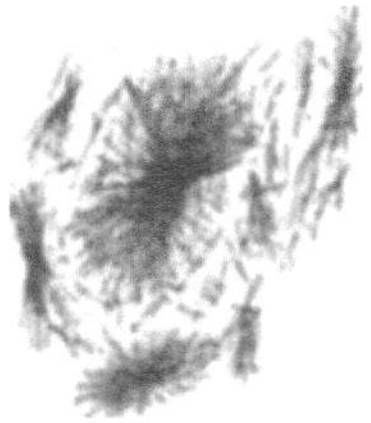

Abb. 42. Ammoniak-Dinitro-α-Naphtholat.

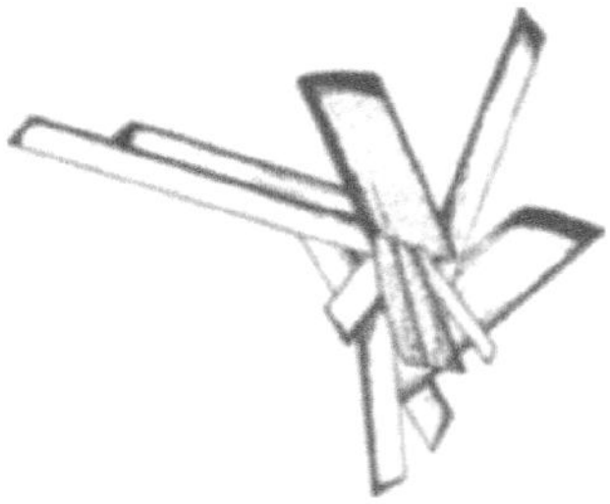

Abb. 43. Ammoniak-Dinitro-α-Naphtholat, durch Erhitzen auf 160° umgelagert.

Abb. 44. Trimethylamin-Dinitro-α-Naphtholat.

vulvaria und Mercurialisarten). Eine Blüte oder ein Stück des Blütenbodens wird in der Mikrogaskammer mit einem Tropfen 5proz. Natriumkarbonat + 5proz. Kochsalz überdeckt. Auf die Unterseite des Deckglases wird ein Mikrotropfen Wasser gesetzt, in den einige Splitterchen Dinitro-α-Naphthol eingetragen werden. Die aufsteigenden Amindämpfe kondensieren sich im Wassertröpfchen und setzen sich mit dem festen Reagens zu den entsprechenden Naphtholaten um. Es entstehen nur die Naphtholate von Ammoniak und eventuell von Aminen (Ammoniak tritt immer auf und ist auf diesem Wege in kleinsten Mengen noch greifbar [S. 19]). Sie sind durch Kristallform und -farbe sowie Aussehen der am Mikroschmelzpunktapparat (s. S. 13) bei entsprechender Temperatur sich bildenden charakteristischen Umlagerungsprodukten eindeutig identifizierbar und unterscheidbar, ebenso durch ihren Mikroschmelzpunkt, E. G. = 1 γ (Abb. 42—45).

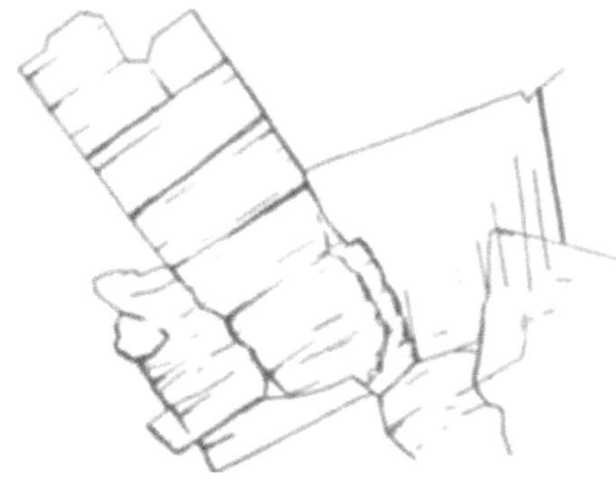

Abb. 45. i-Amylamin-Dinitro-α-Naphtholat, durch Erhitzen auf 140° umgelagert.

Als beste Objekte zum Einüben der Reaktion seien empfohlen: Blätter und Blüten von Mercurialis geben Ammoniak und Methylamin, Blätter von Chenopodium vulvaria Ammoniak und Trimethylamin, Blüten von Pirus und Crataegus Ammoniak, Trimethylamin und i-Amylamin, Arumkeulen Ammoniak und i-Butylamin, Blüten von Sambucus nigra Ammoniak und i-Amylamin (KLEIN u. STEINER).

4. Indol. Im ätherischen Öl der Blüten von Jasminum-, Coffea- und besonders Citrusarten, im Holz von Celtis reticulosa, in Kulturen von Cholera- und anderen Vibrionen. Bringt man indolhaltige Blüten, Holz oder -Bakterienkolonien unter eine Glasglocke und hängt frei darüber Papierstreifen, die mit: 1. konzentrierter wäßriger Oxalsäurelösung, 2. einer 2proz. alkoholischen Lösung von p-Dimethylaminobenzaldehyd (3 Teile der Lösung + 1 Teil HCl), 3. einer 1proz. Lösung von Vanillin in Alkohol getränkt sind, so färben sich 2 und 3 bald, 1 nach 12 Stunden rot.

5. Skatol, das meist neben Indol vorkommt, gibt mit 1 ähnliche Reaktion, färbt aber mit Reagens 2 violettrot und auf Zusatz eines Tropfens einer ½proz. Natriumnitritlösung dunkelblau, während Indol nur rot wird.

6. Purinkörper. Koffein (Trimethylxanthin) in Coffea (besonders im Samen), Thea (besonders im Blatt), Kolanuß, Kakao und Ilexarten (Paraguaytee).

Schnitte werden mit konzentrierter Salzsäure durchfeuchtet und hierauf mit einem Tropfen 3proz. Goldchloridlösung versetzt. Am Rand des Präparates bilden sich gelbliche, büschelförmig angeordnete, feinspitzige Nadeln.

Einige Schnitte oder Blattstücke geben bei Sublimation lange, dichtverflochtene Nadeln, die auch die vorerwähnte Reaktion mit Goldchlorid zeigen.

Theobromin und Theophyllin (Dimethylxanthin), Theobromin in Cola, Theobroma und Thea, das isomere Theophyllin nur in Theablättern.

Gibt bei der Goldchloridreaktion gelbe Nadelbüschel und strauchartige Aggregate, bei Sublimation (höhere Temperatur als Koffein) kurze dicke Kristalle, die in Chloroform und Tetrochlorkohlenstoff (im Gegensatz zu Koffein) unlöslich sind.

7. Alkaloide. Spezifische Pflanzenbasen, die im Organismus immer an organische Säuren gebunden vorliegen. Sie finden sich im ganzen Pflanzenreich, besonders bei den Dikotylen und hier wieder bei manchen Familien auffallend zahlreich und reichlich, aber jedes Alkaloid oder eine Gruppe für eine bestimmte Pflanze oder Pflanzengruppe charakteristisch und spezifisch. Sie können in allen Organen vorkommen (Samen, Früchten, Blättern, Wurzeln, Rinden, Milchsaft), immer aber in stark lebenstätigen Geweben.

Sie sind meist fest, nur Koniin, Nikotin und Hygrin flüssig und flüchtig, in Alkohol und Chloroform leicht löslich, ebenso in Säuren, mit welchen sie vielfach gut kristallisierende Salze bilden. Diese geben mit Metallsalzen (Quecksilber, Platin, Gold) schwerlösliche Doppelverbindungen.

Leider zeigen viele mikrochemische Reaktionen auf Alkaloide nur im allgemeinen solche an und auch das nicht einwandfrei (da auch Eiweißkörper, Phenole, Gerbstoffe usw. reagieren). Dasselbe gilt noch viel mehr für die Farbenreaktionen (Oxydationsreaktion mit Schwefelsäure usw.). Die Anwendung von Sublimation und spezifischen Kristallreaktionen ist vielfach noch nicht durchgeführt. Deshalb sollen nur die halbwegs verläßlichen Reaktionen herausgegriffen werden.

Als allgemeine Gruppenreaktion auf Alkaloide sind besonders empfohlen:

Brombromkalium (20 g Kaliumbromid in 100 cm^3 Wasser, in das Brom bis zur Sättigung eingeleitet wird) gibt gelbbraune Ballen, Sphärite oder Kriställchen.

Jodjodkalium (1 g Jod, 1 g Jodkalium auf 100 cm^3 Wasser) liefert mit Alkaloiden immer rotbraune, vielfach kristallinische Niederschläge.

Kaliumquecksilberjodid (1,3 g Merkurichlorid, 4,9 g Kaliumchlorid auf 100 cm^3 Wasser) gibt weiße oder gelbliche flockige Niederschläge, 10% Platin- und Goldchlorid geben in schwach saurer Lösung gelbliche, manchmal amorphe, meist aber kristallinische Fällungen. Schwefel- und Salpetersäure geben mit Alkaloiden meist gelbe, verschieden rote, blaue, violette oder grüne Färbungen, vielfach auch nacheinander verschiedene Farbentöne (vieldeutig, da auch Phenole, Eiweißkörper, viele Glykoside ähnliche Färbungen zeigen).

Spezieller Nachweis.

1. Colchicin. In allen Organen der Herbstzeitlose und verwandter Arten (auch in Gloriosa superba), besonders reichlich im Samen.

Im Schnitt erhält man mit Phosphormolybdänsäure (10% + H_2SO_4 10%) eine dichte, tiefgelbe, amorphe Fällung.

Am empfindlichsten und eindeutigsten wird der Nachweis so geführt: Das Gewebe (0,1 g genügen) wird mit Chloroform-Ammoniak (10 : 1) im Mikroextraktionsapparat extrahiert, der Extrakt antrocknen gelassen, mit kochendem Wasser aufgenommen und ein Tropfen davon mit 10proz. Platinrhodanid (10% Platinchlorid + 5% Natriumhodanid) versetzt. Beim Eintrocknen fallen die hellgelben, lanzettlichen Kristalle von Colchicinplatinrhodanat, E.G. 0,5 γ[1].

2. Piperin. In den Früchten von Piper- und Cubebaarten.

Schnitte werden in Wasser verrieben oder im feuchten Raum stehengelassen. Aus den gelben Öltropfen bilden sich die farblosen Kristallnädelchen von Piperin. Sowohl die Kristalle wie die intakten Schnitte geben mit Schwefelsäure tiefrote Färbung. Auch mit Ammoniak und Essigester erhält man am Schnitte schöne Kristalle.

Optimal kristallisiert das Piperin, wenn dem Schnitt oder Pulver von Pfeffersamen unter Deckglas zuerst 96proz. Alkohol zugesetzt wird, nach dessen teilweisen Abdunsten man etwas Wasser zufügt. Die entstandene Trübung verschwindet nach einer halben Stunde und es bilden sich am Deckglasrand die großen Prismen von Piperin (Mikroschmelzpunkt 129° C).

Setzt man statt Wasser Cadmiumchlorid (konzentrierte, stark salzsaure Lösung) zu, so schießen am Rande intensiv gelbe Nadeln und Nadelbüschel von Piperinchlorid-Cadmiumchlorid an, die sehr auffällig und charakteristisch sind.

Piperin läßt sich auch sehr schön aus dem Gewebe sublimieren. Das Gewebestück wird zerkleinert (es genügen 0,001 g) und mit einem Tropfen Kalkmilch im Mikrosublimationsapparat (s. S. 12) eine halbe Stunde bei 220° C gehalten. Das feine weiße Sublimat gibt den Mikroschmelzpunkt und die charakteristische Cadmiumreaktion vom Piperin[1].

3. Sabadillaalkaloide. Die Alkaloide von Sabadilla offic. (Cevadin und Veratridin) lassen sich am besten durch ihre Spaltprodukte nachweisen. Samen von Sabadilla werden mit Alkohol extrahiert, der Extrakt eindunsten gelassen. Eine Probe hiervon wird mit einem Tröpfchen Phosphorsäure sublimiert. Die prismatischen Kriställchen sind abgespaltene Veratrumsäure, Mikroschmelzpunkt 172°. Eine andere Probe wird am Objektträger mit alkoholischer Lauge gekocht, beim Abkühlen scheiden sich Nadelbüschel von Cevinkalium ab. Eine dritte Probe wird mit alkoholischer Kalilauge am Mikrorückflußkühler $^1/_2$ Stunde gekocht, dann mit Phosphorsäure angesäuert und im Mikrodestillationsapparat destilliert; das Destillat hat einen charakteristischen Geruch und gibt mit Kupferreagens (S. 41) blaue Kristalldrusen vom Kupfersalz der entstandenen, flüchtigen Angelika- und Tiglinsäure (Klein, Herndlhofer u. Tröthandl).

4. Ricinin, als einziges Alkaloid in Ricinusarten; sublimiert im Mikrosublimationsapparat bei 180° in schönen Kristallen. Am besten läßt es sich aus dem Gewebe mit Chloroform-Ammoniak extrahieren und im Verdunstungsrückstand nachweisen. Goldchlorid (5proz.) + Natriumbromid (5proz.) geben beim Eintrocknen haarförmige, gelbe Kristallbüschel, E.G. 2,5 γ (Klein u. Bartosch [2]).

5. Hydrastin. Im Rhizom der Gelbwurzel von Hydrastis canadensis neben Berberin. Hydrastin wird am schnellsten und besten so charakterisiert, daß man die Droge mit einer Mischung von Petroläther und Äther am Objektträger durchfeuchtet und sofort in die Ammoniakkammer stellt. Es bilden sich große, farblose, stark lichtbrechende Prismen, seltener Oktaeder und Würfel. Der Nachweis gelingt noch mit 0,001 g Drogenpulver, ebenso im Rückstand des Chloroformextraktes hiervon. Mikroschmelzpunkt 132°. Den indirekten Nachweis kann man durch oxydative Aufspaltung des Hydrastins zu Hydrastinin und Opiansäure erbringen. Ein Gewebsstück wird mit Chloroform durchtränkt und mit Salpetersäure (spez. Gewicht 1,53) unter gelindem Erwärmen (nicht kochen!) abgedampft. Hierauf wird ein Tröpfchen 2proz. Ammoniak zugefügt, antrocknen gelassen und mit einer 1proz. Lösung von Kaliumpermanganat versetzt. Das Reaktionsprodukt des Hydrastinins besteht aus rotvioletten, charakteristischen Kristallen, die bald verblassen und zerfallen. Nach der Salpetersäurebehandlung kann man das Hydrastininchlorhydrat

[1] Noch nicht veröffentlicht.

auch im Mikrosublimationsapparat sublimieren und mit dem Sublimat die Permanganatreaktion durchführen. Die Hydrastininsalze zeigen intensiv blaue Fluoreszenz, die mit freiem Auge am Objektträger noch bei einer Verdünnung von 1 : 100000, im Fluoreszenzmikroskop (s. S. 16) noch bei 1 : 30000000 sichtbar ist.

Das zweite Spaltungsprodukt, die Opiansäure, wird folgendermaßen nachgewiesen: Die mit HNO_3 aufgespaltene Masse wird im Sublimationsring mit einem Tröpfchen 5proz. Phosphorsäure versetzt und langsam auf dem Asbestnetz mit kleiner Flamme erhitzt. Das Sublimat hat einen Mikroschmelzpunkt von 150° und gibt ein charakteristisches Harnstoffprodukt. Kocht man nämlich das Sublimat mit einem Tropfen konz. Harnstofflösung + einem Tropfen konz. Schwefelsäure wiederholt auf, so scheiden sich braune Nadelsphärite des Kopplungsproduktes ab.

Will man gleichzeitig an einem Schnitt Berberin neben Hydrastin nachweisen, dann verfährt man so: Nachdem die Hydrastinkristalle in der Ammoniakkammer ausgefallen sind (s. oben), wird von einer Seite des Präparates eine Spur verdünnte Salzsäure, hierauf ein Tröpfchen Chloroform zugesetzt und diese Seite mit Deckglas bedeckt. Bald liegen auf dieser Seite die gelben Nadeln des Berberins, auf der andern die farblosen Prismen von Hydrastin.

Das Beispiel zeigt besonders klar, daß auch im kleinsten mikrochemischen Präparat komplizierte Reaktionen durchgeführt und verschiedene Stoffe und ihre Spaltprodukte sicher nachgewiesen werden können (KLEIN u. SCHILHAB [1]).

6. Berberin. Findet sich in Vertretern mehrerer Familien unter anderen besonders in Berberis-, Mahonia- und Hydrastisarten. Die Base wie ihre Salze sind *gelb*. Berberis führt das Alkaloid nur in Wurzel und Stamm.

Fügt man zu einem Wurzelschnitt von Berberis einen Tropfen 2proz. Salpetersäure, so entstehen bald in und außer dem Gewebe reichlich gelbe Nadeln und Drusen von Berberinnitrat, E.G. 0,7 γ.

Im alkoholischen Extrakt der Droge gibt Berberin mit Jodjodkali schwarzbraune, zungenförmige Kristalle, E. G. 0,5 γ (KLEIN u. BARTOSCH [1]).

7. Papaveralkaloide. Milchsäfte der Papaveraceen, ebenso wie das eingetrocknete Opium sind besonders reich an Alkaloiden (ca. 21). Sie lassen sich nur in der Gesamtheit nachweisen. Am bekanntesten sind Morphin, Narkotin, Papaverin und Kodein. Papaver somniferum führt fast in allen Organen Alkaloide, andere hauptsächlich im Milchsaft.

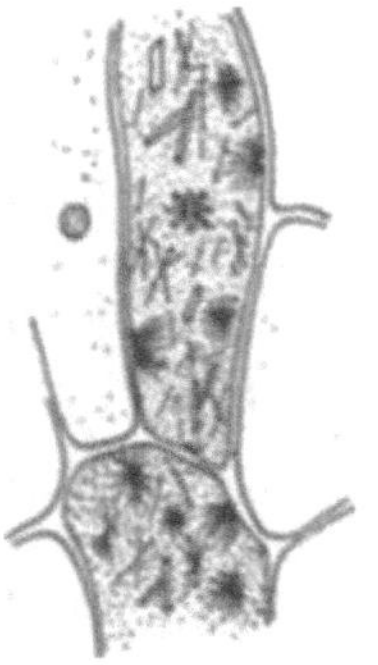

Abb. 46. Alkaloidfällung mit 10% Salzsäure in den Milchröhren der Wurzel von Chelidonium majus. Vergr. 180.

Mit Jodjodkalium und Kaliumquecksilberjodid erhält man von Papaver, speziell in einem Tropfen Milchsaft, mächtige braune Fällungen, mit konzentrierter Salz- oder Schwefelsäure dichte Niederschläge von farblosen Einzelprismen und Nadelsternen.

Auch das Schöllkraut (Chelidonium majus) enthält in seinem gelben Milchsaft eine Anzahl (ca. 6) Alkaloide, die zum Teil gelb, bzw. orange, zum Teil farblos sind (Abb. 46).

Ein Tropfen Milchsaft mit einem Tropfen konzentrierter Salzsäure versetzt zeigt dichte Kristallfällungen, die teils orange bis blutrot sind (Sanquinarin und Chelerythrin), teils farblos sind und die verschiedenste Form der Einzel- und Mischkristalle aufweisen.

Der Milchsaft von *Sanquinaria canadensis* ist rot. Bei Behandlung mit Salzsäure erhält man tiefrote (Sanquinarin) und eigelbe Kristalle (Chelerythrin).

8. Kokain (KLEIN u. SONNLEITHNER [1]). In Erythroxylon coca und Verwandten neben anderen Nebenalkaloiden. Gibt die allgemeinen Gruppenreaktionen. Werden Schnitte von Blatt und Rinde mit konzentrierter Schwefelsäure im Glasring erwärmt, so wird aus dem Kokain Benzoesäure abgespalten, die in der Gaskammer

(s. S. 12) aufs Deckglas sublimiert, mit Alkohol umkristallisiert die charakteristischen Kristalle von Benzoesäure und mit ammoniakalischem Silbernitrat Silberbenzoat gibt (s. S. 36).

Direkt im Gewebeschnitt läßt sich Kokain durch 10proz. $AuCl_3 + KBr$ oder $AuCl_3$ allein nachweisen. Es bilden sich mit $AuCl_3 + KBr$ kleine, rotbraune Drusen und Nadelspieße, daneben auch kleinkörnige rotbraune Fällung; mit $AuCl_3$ allein bekommt man nach einiger Zeit gelbe stachlige Drusen.

Nach Extraktion des Gewebes mit einem Gemisch von Chloroform und NH_3 in der Kälte (Dauer 1 bis 2 Tage) erhält man auf Zusatz von $AuCl_3 + KBr$, besonders schön nach einem Tag in durchgesättigtem Raum, die rotbraunen x-förmigen Kokainbromoauratkristalle, wie sie reines Kokain ergibt.

Durch direkte Sublimation erhält man Kokain im Sublimationsapparat nach Klein-Werner aus dem Gewebe. Das allerdings amorphe Sublimat gibt sehr schön ausgebildete Kristalle mit $AuCl_3 + KBr$, die ganz genau den Fällungen dieser Reagentien mit reinem Kokain entsprechen.

Die optimale Sublimationstemperatur liegt bei 150 bis 160°, die Dauer der Sublimation bei $1^1/_2$ bis 2 Stunden. Diese Reaktion zeigt das Kokain am sichersten an.

9. Tropaalkaloide, Atropin, Hyoscyamin und Skopolamin in Atropa, Hyoscyamus- und Skopoliaarten in verschiedener Verteilung, Verbreitung und Menge.

Sie lassen sich im Schnitt direkt mit Jodjodkali, Jodwasserstoff, Jodwasser oder Chlorzinkjod als schwarzbraune bis violette Nadeln oder Sternchen sichtbar machen. Die Kristalle fallen im feuchten Raum nach mehreren Stunden; eine Unterscheidung der drei Alkaloide ist so nicht möglich. Eindeutig läßt sich jede der drei Basen, auch neben den anderen, im Extrakt oder Sublimat nachweisen. Die Gewebsstückchen werden entweder im Mikroextraktionsapparat mit Chloroform-Ammoniak extrahiert oder im Mikrosublimationsapparat (S. 12) sublimiert. Das Sublimat ist nur tröpfchenförmig. Extrakt und Sublimat werden mit Jodwasserstoff auf Atropin und Hyoscyamin, mit 5proz. Goldchlorid + 5proz. Kaliumbromid auf Skopolamin geprüft. Atropin gibt dabei (in feuchter Kammer) rhombische oder sechsseitige, in die Länge gestreckte Täfelchen (E.G. 0,3 γ), Hyoscyamin Sanduhrformen oder mit den Spitzen verwachsene Rhomben (E.G. 0,5 γ), alle rötlich bis schwarz, Skopolamin schwarze Haarbüschel (E.G. 10 γ). Goldbromid gibt mit Skopolamin rotbraune Fiedern (E.G. 10 γ), die beiden anderen Alkaloide geben schwache Reaktion, die Plättchen oder Tröpfchen sind leicht zu unterscheiden. (Skopolamin überwiegend z. B. in Datura arborea.) Alle Kristallprodukte sind einheitlich und eindeutig.

Tropin und Skopolin. Die genannten Alkaloide spalten entweder natürlich oder durch Alkali in eine Restbase (Tropin aus Atropin und Hyoscyamin, Skopolin aus Skopolamin) und Tropasäure auf. Während die Tropasäure bis jetzt nicht greifbar ist, lassen sich die Spaltbasen für sich und auch neben den Alkaloiden nachweisen. Das Gewebsstück wird im Kupferschälchen (S. 13) mit einem Tröpfchen 30proz. Natronlauge versetzt, im Mikrosublimationsapparat langsam auf 280° erhitzt (am Sandbad) und bei dieser Temperatur etwa $1^1/_2$ Stunde gehalten. Das Sublimat der Spaltbasen gibt mit Goldbromid rotbraune Kreuzformen; die beiden Basen lassen sich dabei nicht unterscheiden, Tropin gibt fast allein mit Jodwasserstoff gelbe Zerrformen.

Es ist also möglich, aus wenigen Gewebsstückchen die drei Alkaloide und ihre Spaltbasen eindeutig nebeneinander in geringsten Mengen nachzuweisen und zu unterscheiden (KLEIN u. SONNLEITHNER [2]).

Als beste Versuchsobjekte sind zu empfehlen: Rhizom von Atropa Belladonna liefert hauptsächlich Hyoscyamin, sehr wenig Atropin, Blätter nur Hyoscyamin, Samen in annähernd gleichen Mengen Atropin und Hyoscyamin und eventuell Skopolamin, Blüte von Datura arborea nur Skopolamin.

10. Strychnosalkaloide. In den Samen von Strychnos nux vomica und Str. Ignatii, ebenso in der Rinde der ersteren liegen die beiden wichtigen Alkaloide *Strychnin* und *Bruzin*.

Sowohl Strychnin wie Bruzin lassen sich direkt aus dem Gewebe sublimieren. Sie sublimieren ungefähr gleichzeitig zwischen 210° und 230°.

Sowohl mit dem *Sublimat* wie im ammoniakalischen Chloroform*extrakt* lassen sich Strychnin und Bruzin nebeneinander eindeutig nachweisen.

Strychnin gibt mit einer 5proz. Lösung von gelbem Blutlaugensalz und 5 % HCl sofort fiederförmige Kristalle (ähnlich dem Ammonmagnesiumphosphat), E.G. 5 γ.

Bruzin bildet mit einem Tropfen 10proz. wäßrigen Platinchlorid (Empfindlichkeit ungefähr gleich der Strychninreaktion) in schwach saurer Lösung (um das Mitreagieren von Strychnin zu verhindern) braungelbe Doppelbüschel, E. G. 20 γ. Beide Produkte sind in Wasser unlöslich. Die Reaktion auf Strychnin gelingt ebensogut auch im Schnitt. Bruzin läßt sich im Schnitt mit Platinchlorid nicht nachweisen, gibt aber mit Salpetersäure eine charakteristische blutrote Färbung, die bruzinfreie Samen z. B. von Strychnos potatorum nicht geben (KLEIN u. HERNDLHOFER [1]).

11. Chinaalkaloide. Die wichtigsten Alkaloide der Cinchonaarten, Chinin, Chinidin, Cinchonin und Cinchonidin, lassen sich in kleinsten Teilen der Pflanze und Droge folgendermaßen nachweisen: 0,1 g Rinde der verschiedenen Cinchonaarten wird fein gepulvert, mit Ammoniak befeuchtet und mit 2 cm³ Benzol im Mikroextraktionsapparat (s. S. 11) ausgezogen. Die abfiltrierte Lösung wird mit ungefähr 1 cm³ Wasser und wenig verdünnter Schwefelsäure versetzt und erhitzt. Nach Abdampfen des Benzols wird die vorliegende schwefelsaure Lösung der Alkaloide mit einem Tropfen Ammoniak versetzt. Es fällt vorübergehend ein weißer Niederschlag, der sich bald wieder löst. Durch verdünntes Ammoniak bzw. Schwefelsäure wird nun möglichst genau neutralisiert, eine durch zu viel Alkali entstehende Trübung durch eine in verdünnter Schwefelsäure getauchte Platinnadel entfernt. Aus dieser neutralisierten Lösung fällt alsbald reichlich Chininsulfat in großen, spitzen Nadeln aus, E.G. 1,7 γ. Ein Tropfen des Filtrats wird nun mit einem Körnchen Seignettesalz versetzt. Es fallen die Mischkristalle von Chinin und Cinchonidin in Nadelbüscheln aus. Nach vollendeter Fällung (etwa $^1/_4$ Stunde) zieht man die Mutterlauge, die Chinidin und Cinchonin enthält, ab. Dies geschieht sehr vorteilhaft mit einer kleinen Pipette, deren kapillares Ende man von rückwärts mit einem kleinen Wattepfropfen verschlossen hat. Saugt man nun an, so wird die Flüssigkeit durch den Wattepfropfen durchfiltriert. Wenn man dann das spitze Ende der Pipette gut abschwemmt, um etwa außen anhaftende Kristalle zu entfernen, so kann man nachher durch Hineinblasen in die Pipette die Mutterlauge klar filtriert auf einen anderen Objektträger bringen. Am besten ist es, die Flüssigkeit gleich auf zwei Objektträger aufzuteilen und getrennt Chinidin und Cinchonin mittels Jodkali bzw. Natriumbikarbonat nachzuweisen. Chinidin gibt mit dem Reagens nach längerer Zeit grünliche bis gelbliche knollige Kristallformen, E.G. 5 γ, während Cinchonin bräunliche Tropfen bildet, die sich rasch in Sphäroide umwandeln, aus denen nach einiger Zeit auch die typischen kleinen Kristallprismen hervorschießen, E.G. 0,5 γ. Ist die Reaktion nicht zu sehr durch das Alkalisalz gehemmt, so treten beim Erwärmen die einzelnen Kristallprismen am Rande des Tropfens auf. Die zurückgebliebenen Kristalle von Chinin und Cinchonidin werden nun zuerst etwas durchgewaschen und dann mit dem Platindraht in zwei Hälften geteilt. Die eine versetzt man mit kalt gesättigter Pikrinsäurelösung, worauf nach kurzem Erwärmen aus den Kristallen des Tartrates die des Cinchonidinpikrates in Form von äußerst feinen Haarbüscheln entstehen, E. G. 10 γ. Die andere Hälfte kocht man mit einem Tropfen Wasser auf und setzt einige Körnchen Kaliumchromat zu. Die Umlagerung dauert hier etwas länger, doch sieht man nach $^1/_2$ Stunde, wie die ursprünglichen Tartratkristalle zerfallen und aus ihnen die langen, gelben Nadeln des Chininchromats entstehen, E. G. 2,5 γ. Eventuell treten auch sechs eckige Plättchen von Cinchonidin auf (KLEIN u. SCHILHAB [2]).

Chinin und Chinidin fluoreszieren (optimal in schwefelsaurer Lösung) mit intensiv blauer Farbe noch bei stärksten Verdünnungen (noch sehr deutlich bei 1 : 10000000).

12. Nikotin in Nikotianaarten. Der Nachweis läßt sich auch bei kleinsten Mengen (0,2 γ) mit Goldchlorid (10proz.) + 10% Natriumbromid folgendermaßen schön und quantitativ führen: Das Gewebe oder Organstückchen (0,05 bis 0,1 g) kommt in den Destillationsapparat (s. S. 12), dann wird 1 cm^3 Kalkwasser zugesetzt und am Wasserbad destilliert. Ein Tropfen des Destillates gibt mit einem Tropfen des Reagens einzelne deltoidische Kristalle und Bäumchen. Mit gemessenen Mengen von reinem Nikotin kann man Vergleichspräparate anstellen und aus der Konzentration, die annähernd die gleiche Kristallmenge im Präparat zeigt, auf den Gehalt der Probe zurückrechnen. Jedes Blattstück von Nikotiana, jede Zigaretten- oder Zigarrenprobe gibt die Reaktion (KLEIN u. HERNDLHOFER [2]).

13. Coniin läßt sich leicht und schön mit Chloranil (Tetrachlorchinon, ca. 5proz. in Benzol gelöst) nachweisen. Das Produkt sind dunkelgrüne, wetzsteinförmige Kristalle, die von allen anderen Chloranilprodukten leicht zu unterscheiden sind. Zum Nachweis aus dem Gewebe geht man so vor: Man gibt die Gewebsschnitte in einen Sublimationsring, setzt Natronlauge zu und fängt das aufsteigende Coniin am Deckglase in einem Tropfen Chloranil auf; man bekommt so direkt, ohne Erwärmen das Coniin aus der Pflanze heraus und hat gleichzeitig ein fertiges Präparat am Deckglase. (Erfassungsgrenze 1 γ [KLEIN u. HERNDLHOFER (3)].)

14. Hygrin, das flüchtige Nebenalkaloid von Kokain in Erythroxylonarten, ein Pyrrolidinderivat.

Zerkleinerte Blatt- oder Rindenstücke (es genügen 0,01 g) werden im Mikrodestillationsapparat mit 1 cm^3 Wasser und 1 Tropfen Kalkwasser am Ölbad destilliert. 2 Tropfen des Destillats werden mit einem Kriställchen von Dinitro-α-Naphthol oder einem Tropfen einer gesättigten alkoholischen Lösung dieser Substanz versetzt. Es bilden sich sehr rasch tief orangegelbe leuchtende Einzelkristalle, Rosetten oder Kristallfächer des Hygrinproduktes, die sich von den grünlichgelben Splittern des Reagens sicher unterscheiden lassen, E. G. 5 γ[1].

Die Reaktion gelingt auch im Schnitt und im Extrakt.

Hygrin gibt auch, in Benzol gelöst, mit Chloranil in 5proz. benzoliger Lösung ein Chloranilprodukt, tiefgrüne Sechsecke und Rhomben, die mit dem Reagens und mit dem Coniinprodukt (s. oben) nicht verwechselt werden können. Die Reaktion ist aber, im Gegensatz zum Coniinprodukt, recht unempfindlich.

D. Glykoside.

Glykoside sind Pflanzenstoffe, die sich aus ein oder mehreren Zuckerarten und einem zuckerfreien Körper (Aglykon) aufbauen. Sie sind in mannigfacher Form und Zusammensetzung ungemein verbreitet. Das Aglykon gehört meist der Benzolreihe an, ist meist stickstofffrei, in manchen Fällen stickstoffführend (Blausäure-, Indikanglykoside).

Die hydrolytische Spaltung kann durch Säure, Alkali oder Enzyme durchgeführt werden, in der Natur nur durch Enzyme. Die beiden Körper sind aber in der lebenden Zelle räumlich getrennt; erst im Tode treffen sie — mit dem Strukturverlust der Zelle — zusammen, postmortal häufig Spaltungen verursachend (Vanillin). Nachgewiesen wird, soweit es schon möglich ist, das Aglykon. Auch hier herrschen noch allgemeine Farbenreaktionen, mit Schwefelsäure oder Alkalien, die auf Glykosid und Aglykon meist gleich wirken, vor; Spezialreaktionen sind erst teilweise vorhanden. Aus der großen Zahl können nur bekannteste und am besten nachweisbare gebracht werden.

---

[1] Noch nicht veröffentlicht.

1. Arbutin. Bei Ericaceen und Pirolaceen (Pirola-, Vaccininumarten, Calluna, Gaultheria, Arctostaphylos glauca und in der Rinde des Birnbaumes). Spaltet in Glykose und Hydrochinon.

Pulvert man Pflanzenmaterial, versetzt mit einigen Tropfen 10proz. Salzsäure, läßt einige Minuten liegen und sublimiert, so erhält man in wenigen Minuten ein dichtes Sublimat aus kleinen Blättchen und Kristallskeletten von Hydrochinon, die sich aus Alkohol zu hexagonalen Prismen umkristallisieren. Sie geben mit Ammoniak rotbraune Färbungen, aus denen wieder farblose oder gelbe Prismen ausfallen.

2. Äskulin. In der Rinde von Aesculus Hippocastanum, ein Methylderivat in der Jalapaknolle von Exogonium purga. Werden Schnitte erst mit verdünnter Schwefelsäure erwärmt, dann sublimiert, so erhält man im Sublimat kammförmige Sublimate, Kristalle von Äskuletin (Dioxycumarin) (Abb. 47). Diese fluoreszieren in alkalischer Lösung blau, viel schöner noch Extrakte von Äskulin aus den kleinsten Gewebefragmenten (freilich zeigen Skopolin und Fraxin, Methylderivate von Äskulin, dieselbe Fluoreszenz). Auch Schnitte in Wasser zeigen die Fluoreszenz.

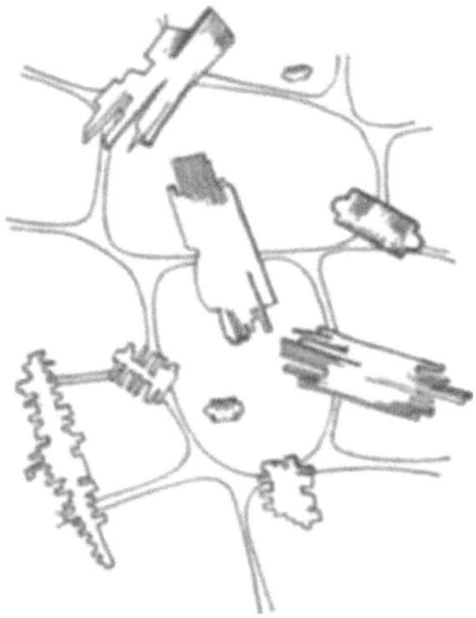

Abb. 47. Kristallsublimat von Äskuletin. Vergr. 400.

Schnitte in eine Lösung von Brombromkalium (10% Bromkali + 10% Brom) eingelegt, zeigen nach Stunden farblose Nädelchen von Dibromäskulin.

3. Fraxin. Aus der Rinde von Fraxinusarten, zeigt gleiche Fluoreszenz und bei Sublimaten nach Säurespaltung ähnliche Kristalle von Fraxetin wie das vorgenannte Äskuletin.

4. Vanillin. In Blüten von Scorzonera, Spiraea usw. und in vielen Harzen kristallisiert in seidenglänzenden Nadeln auf der Oberfläche der getrockneten Früchte von Vanilla planifolia. Die frische Frucht enthält kein freies Vanillin. Dieses entsteht erst postmortal durch das Ferment Emulsin aus dem Vanillinglykosid.

Trockene Objekte und frische nach Aufkochen mit verdünnter Schwefelsäure (kleinste Fragmente) geben bei gelinder Sublimation Tröpfchen, aus denen sich nach einer Stunde Kristalle bilden.

Die Kristalle geben ebenso wie Schnitte mit einem Tropfen 4proz. alkoholischem Phlorogluzin + 1 Tropfen Salzsäure sofort Rotfärbung.

5. Hesperidin. Ein sehr weit verbreitetes Glykosid. Gibt bei der Hydrolyse Glykose, Rhamnose und Hesperetin (Phlorogluzinester der Isoferulasäure). Wahrscheinlich ist „Hesperidin" kein einheitlicher Körper, sondern eine Gruppe verwandter Stoffe. Der Körper findet sich weit verbreitet, aber nie bei allen Vertretern einer Familie oder Gattung, sondern nur bei einzelnen Arten. In vielen Citrus-, einigen Galium- und Menthaarten, Hyssopus offic., Scrophularia nodosa, Linaria genistifolia, in Conium, in den Staubfadenhaaren von Verbascumarten usw. In der lebenden Zelle meist gelöst, aber so konzentriert, daß es schon beim Absterben oder Abtöten (mit Alkohol, Azeton, Säuren usw.) auskristallisiert (in gelblichen Sphärokristallen oder Nadelbüscheln, Abb. 48).

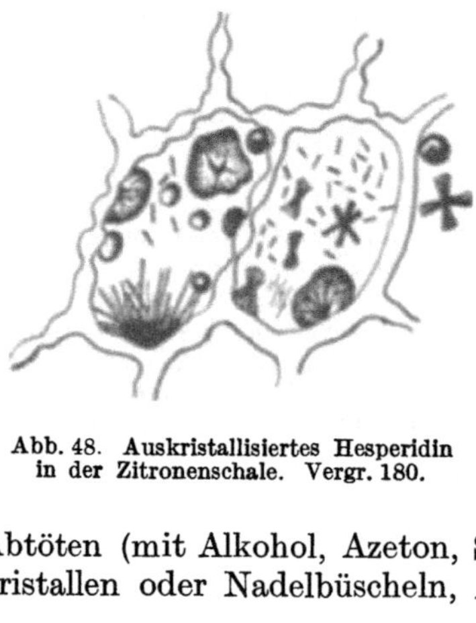

Abb. 48. Auskristallisiertes Hesperidin in der Zitronenschale. Vergr. 180.

In vielen getrockneten Objekten (Orangenschalen, Linariablättern, Verbascumblüten usw.) schon kristallisiert vorliegend. Frische Schnitte legt man in Alkohol und findet die Kristalle sehr schnell oder nach Abdunsten des Alkohols. Sie lösen sich in Alkalien mit gelber Farbe. Die gelbe Lösung wird bei Zusatz von konzentriertem H_2SO_4 violett.

6. Xanthon- und Flavonderivate. Leiten sich von einer einheitlichen Muttersubstanz, vom Chromon, ab und kommen in der Pflanze fast immer als Glykoside vor. Die *Xanthone* (Gentisin und Datiscin) selten, die *Flavone* und ihre Derivate sehr zahlreich und weitverbreitet.

Gentisin. In der Wurzel vom gelben Enzian, Gentiana lutea. Läßt sich leicht sublimieren; es entstehen schwachgelbe Prismen und Nadeln, die mit alkoholischer Kali- oder Natronlauge gelbe Lösungen ergeben, aus denen bei Zusatz von Äther nach einiger Zeit gelbe Kristalle fallen. Versetzt man das Sublimat mit einem Tropfen Schwefel- und Salpetersäure und erwärmt unterm Deckglas, so bilden sich blaugrüne und gelbe Drusen der Nitroverbindung.

Die **Flavone** (Querzitrin und Querzetin, Rutin, Rhamnetin, Apiin und Apigenin, Chrysin, Luteolin, Fisetin, Morin, Scutellarin, Saponarin usw.) sind vielfach in Hölzern, Rinden, Blättern und Blüten (als gelbe Beizenfarbstoffe bekannt) zu finden.

Flavon. Der sog. Wachsüberzug auf den Blättern von Primula auricula, farinosa, sinensis, Corthusa Matthioli usw. ist reines Flavon. Es ist im Äther löslich, läßt sich sublimieren, fluoresziert, in konzentrierter Salzsäure gelöst, blau und bildet aus der heißen Lösung Nadelbüschel. In einem Tropfen alkoholischer Lösung fallen mit Jodjodkali blaue Nadelbüschel der Jodflavonverbindung.

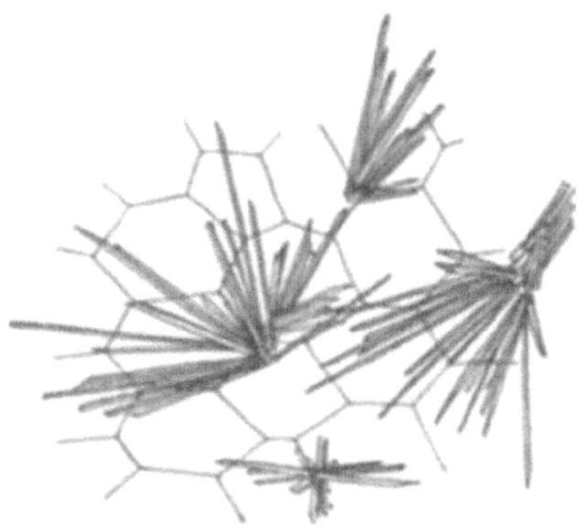

Abb. 49. Flavon nach der Salzsäuremethode kristallisiert; Blüte von Viola tricolor. Vergr. 285.

Die *Flavonderivate* lassen sich reichlich und lokalisiert mit folgender einfachen Methode kristallisiert nachweisen. Auf einen hohlen Objektträger kommen einige Tropfen rauchender Salzsäure, darüber ein Sublimationsring und auf diesen das Deckglas mit dem Schnitt oder Gewebestück. Die Objektträger kommen dann in den Wärmeschrank und werden bei höchstens 40° $^1/_4$ Stunde gehalten. Im Präparat findet man die licht- bis dunkelgelben Nadeln, Nadelbüschel und Drusen des betreffenden Flavons (Abb. 49). Dunkle Präparate kann man mit Chloralhydrat aufhellen. Zur Prüfung gelbe Violablüten, Apfelrinde usw.

Mit Bromwasserstoffsäure erhält man meist lichtgelbe, feine Nadelbüschel.

Sind die Objekte gleichzeitig karotinhaltig, so ist dieses blaugefärbt (Viola, Ruta usw.).

Alle Kristalle lösen sich in Alkali (1proz. Lauge) mit tiefgelber bis oranger Farbe.

Einzelne Flavone lassen sich überdies noch speziell charakterisieren, so:

Scutellarin. In Scutellariaarten, Thymus usw. Die mit Salzsäuredampf erhaltenen Kristalle werden mit Barytwasser rot und bei nachheriger Behandlung mit einem Tropfen Chlor-, Brom- oder Jodwasser grün. (Auch an der Luft allein tritt die Grünfärbung der roten Kristalle auf.)

Das Scutellarin kristallisiert auch nach Einlegen der Schnitte in 10proz. Salzsäure aus.

Saponarin. In zwei Moosen, in Saponaria offic., Gypsophilaarten, Gagea, Ornithogalumarten, Hordeum, Cucurbita usw.

Behandelt man Schnitte einer der genannten Pflanzen mit Jodessigsäure (Jod in Essigsäure bis zur braunen Färbung), so färben sie sich violett bis blau und nach einiger Zeit kristallisieren am Rande tiefviolette Nadelbüschel und dichte Filze von spinnwebartigen Kristallnädelchen.

Chrysin. In Pappelknospen zusammen mit dem Pappelharz. Mit rauchender Salpetersäure entstehen hellrote, aus Ammoniakalkohol (1 : 1) dunkelgelbe Spärite. Eisensalze färben spezifisch braunviolett.

Apiin und sein Aglykon Apigenin geben beim Salzsäureverfahren nur farblose Nadelbüschel, die sich mit konzentrierter Salpetersäure orangerot lösen (in Anthemis, Matricaria, Apium usw.).

Brasilin. Farbloser Stoff im Fernambuk- (Rot-) Holz geht durch Oxydation in rotes Brasilein über. Schnitte durch das Holz sind braungelb. Sie färben sich mit Ammoniak, Lauge, Kalkwasser karminrot.

Hämatoxylin. Farbloser Stoff in Blauholz (Hämatoxylon Campechianum) geht durch Sauerstoffaufnahme in das rote Hämatein über. Schnitte erscheinen braunrot und werden mit Ammoniak oder Lauge blauviolett.

Curcumin. Im Wurzelstock verschiedener Curcumaarten in ätherischem Öl gelöst; Schnitte durch das Rhizom geben mit konzentrierten Säuren und Alkalien in den Öltropfen tiefrote Farbe. Die alkoholische Lösung fluoresziert grünlich.

Bixin. In den Samen von Bixa Orellana als der bekannte Orleansfarbstoff. Schnitte durch die Samenschale werden mit konzentrierter Schwefelsäure blau.

Anthochlore. Gelbe wasserlösliche Farbstoffe im Zellsaft vieler Blüten und Früchte, den Flavonen verwandt.

Der lichtgelbe Farbstoff von Primulaarten, von Linaria und Anthirrhinum, von Dahlia, Verbascum, Papaver, in der Zitronenschale usw. gehört hierher. Die satt- und orangegelben Blüten enthalten meist Karotin (s. S. 58).

Sie werden mit Schwefelsäure (auch Kalilauge) entweder rot (Dahlia, Primula, Anthirrhinum, Citrus usw., Carotin wird blau) — mit naszierendem Wasserstoff geben sie rotes Anthocyan — oder orangegelb (Papaver Kerneri) oder geben grüne (HCl) bis braune (H_2SO_4), mit Kalilauge tiefgelbe Nadelbüschel (Verbascum). Auch das gelbe Helichrysin, der Farbstoff der gelben Strohblumen, gehört hierher. Er gibt mit Säuren und Alkalien purpurrote Färbung.

Crocin. Das gelbe Farbstoffglykosid der Blütennarben von Crocus sativus (Safran) und der Gelbschalen von Gardeniaarten ist intensiv gelbfärbend (schon 1 Teil in 200000 Teilen Wasser). Es gibt mit konzentrierter Schwefel- und Salpetersäure tiefblaue Farbe, die schließlich in braun übergeht.

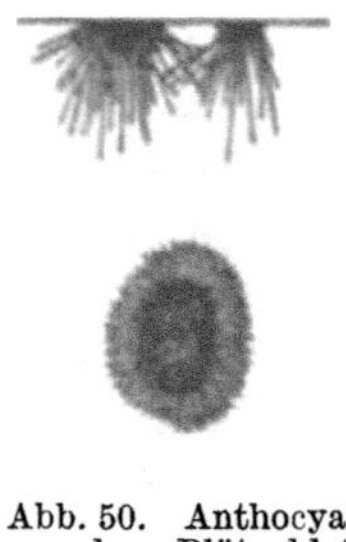

Abb. 50. Anthocyan aus dem Blütenblatt von Pelargonium zonale, mit Essigsäure kristallisiert. Vergr. 180.

Anthocyane. Die roten, violetten oder blauen, wasserlöslichen Farbstoffe in Blüten, Früchten, Blättern usw.; im Pflanzenreich ungemein verbreitete Glykoside, reduzierte Flavonabkömmlinge.

Sie sind zum größten Teil in neutraler Lösung violett oder farblos, geben mit Säuren rote und mit Alkali blaue Salze. Nur der Farbstoff der roten Rübe und von Amaranthusarten ist in saurer Lösung violett, in alkalischer rot.

Diese Farbstoffe von Rose, Kornblume, Lathyrus, Rittersporn, Mohn, Pelargonie, Weintraube, Heidelbeere usw. führen nahe verwandte Aglykone (Pelargonidin, Cyanidin, Delphinidin usw.).

Nachweis. Anthocyangefärbte Gewebe werden mit verdünnter Salz- oder Essigsäure rot, mit Ammoniakdämpfen violett, blau, schließlich grün.

Legt man Blütenblätter von Rose, Dahlien oder Pelargonien in Essigsäure oder Salzsäure, bedeckt mit Deckglas und läßt längere Zeit unter einer Glasglocke stehen, so bilden sich am Deckglasrand tiefrote Nadeln, Nadelbüschel oder Drusen von Anthocyansalz (Abb. 50). Sie lösen sich in verdünntem Ammoniak blauviolett.

In manchen Pflanzen findet man schon in der lebenden Zelle kristallisiertes Anthocyan, so in der Oberhaut von Rotkrautblättern, in den Blütenblättern von scharlachroten Pelargonien, in den blauen Blüten von Rittersporn usw. (Abb. 51).

7. **Saponinglykoside** in vielen Caryophyllaceen (Saponaria) und Primulaceen usw. Der Nachweis kann mikrochemisch oder biologisch geführt werden.

Schnitte werden in gesättigtes Barytwasser (Bariumhydroxyd in Wasser, Lösung filtriert) eingelegt; es bildet sich in den Zellen ein Niederschlag von Saponinbaryt. Hierauf wird mit Kalkwasser (analog dargestellt) der Überschuß von Barium ausgewaschen, dann 10 proz. Bariumbichromat zugesetzt. Es bilden sich aus den Klumpen von Saponinbaryt gelbe Kristalle von Bariumchromat und zeigen dadurch indirekt das Saponin lokalisiert an.

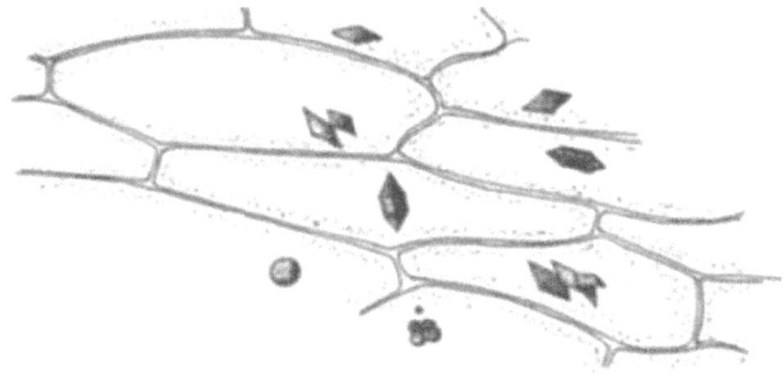

Abb. 51. Anthocyankristalle in der Blattepidermis von Begonia maculata (nach MOLISCH). Vergr. 100.

Der biologische Nachweis gründet sich auf die Hämolyse (Auflösung von roten Blutkörperchen) durch Saponine (KOFLER). Es wird 1 proz. Gelatine mit 0,9 proz. Natriumchlorid hergestellt. Ein Tropfen dieser erwärmten Gelatine wird auf den Objektträger gebracht und bei etwa 40° (auf gelinde erwärmtem Wasserbad) gehalten. In den Tropfen kommt ein Schnitt von Saponariarhizom und auf diesen 1 Tropfen 1 proz. defibriniertes Blut (frisches Blut bis zur völligen Fibrinausflockung mit Calciumchloridlösung versetzt), das mit etwas Natriumbikarbonatlösung (zur Abstumpfung der Pflanzensäuren) versetzt wurde, gegeben. Unter dem Mikroskop kann man dann die Auflösung der roten Blutkörperchen über den Zellen oder Gewebspartien, die saponinhaltig sind, verfolgen, und an den recht scharf umschriebenen Partien die Lokalisation der Saponine im Gewebe indirekt verfolgen. Störend wirken die in manchen saponinhaltigen Geweben gleichzeitig vorhandenen großen Gerbstoffmengen, da diese mit dem Leim der Gelatine dichte Fällungen ergeben und überdies die Blutkörperchen agglutinieren und die Hämolyse teilweise hemmen.

8. **Anthrachinonglykoside.** Anthrazenderivate in Polygonum-, Rubia-, Rhamnusarten und Leguminosen. Gelbe bis rote Farbstoffe mit charakteristischen Eigenschaften.

Beim Trocknen werden die Glykoside durch Fermente gespalten, in der Droge liegen zum Großteil schon die Aglykone vor, welche die Reaktion leichter und besser geben, die im frischen Gewebe erst nach längerem Liegen an der Luft oder Behandlung mit starken Agenzien auftreten.

Frangulin. Wird bei Hydrolyse in *Emodin* und Glykose gespalten. In der Rinde von Rhamnus frangula und cathartica, in den Früchten von Rhamnus cathartica und japonica, im Samen von Kassiaarten, in den Sennablättern, neben den verwandten Körpern *Rhëin* und *Chrysophan*, im Rhizom von Rheumarten.

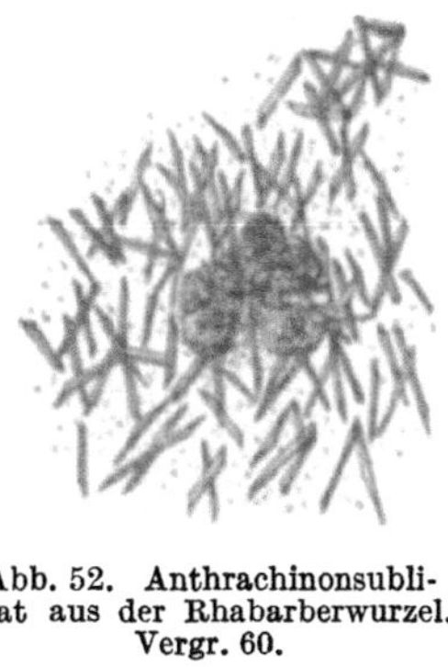

Abb. 52. Anthrachinonsublimat aus der Rhabarberwurzel. Vergr. 60.

Die Stoffe sublimieren aus einer kleinen Menge Drogenpulver in gelben bis rötlichen Spießen oder Schollen (Abb. 52), die sich aus Alkohol, Äther usw. umkristallisieren lassen. Sie geben mit Ammoniak, konzentrierter Lauge und Schwefelsäure ebenso wie Gewebeschnitte selbst tiefrote Lösungen.

Aloin. In den verschiedenen Aloearten und Aloedrogen.

Frischer gelber Saft von Aloeblättern läßt unter Deckglas nach einigen Tagen gelbe Nadelsphäroide ausfallen, die sich mit konzentrierter Salpetersäure oder Bromdampf tiefrot lösen bzw. färben.

Dieselben Färbungen treten mit frischen Safttropfen oder Blattschnitten auf. Aus der Droge läßt sich Aloin mit Alkohol kristallisieren.

Ruberythrinsäure. Glykosidisch in den Wurzeln von Rubia tinctorum und peregrina, aber auch von Galium- und Asperulaarten. Gibt bei Säurespaltung, bzw. postmortal in der Pflanze durch Fermente Zucker und *Alizarin*, den Krappfarbstoff.

Schnitte mit absolutem Alkohol versetzt, zeigen nach einiger Zeit auf und im Gewebe orangerote Ballen und Nadelsterne, Schnitte mit Ammoniak und Lauge befeuchtet färben sich krapprot.

Der Farbstoff läßt sich aus Schnitten auch glänzend sublimieren (orangerote Nadeln und Spieße). Die Kristalle lösen sich in Alkalien violett (z. B. Wurzeln von Galium mollugo).

9. Blausäureglykoside. Amygdalin (bei der Spaltung durch Säuren oder das Ferment Emulsin — schon beim Abtöten — in Blausäure, Benzaldehyd und Zucker gespalten) und verwandte Körper (die statt Benzaldehyd Azeton enthalten) sind im Pflanzenreich viel verbreitet (besonders bei Rosaceen, Gramineen usw); spezielles Vorkommen in Prunusarten (Prunus laurocerasus und Padus) und Leguminosen, Ribes-, Crataegus- und Arumarten, in Apfel, Quitte, Mispel, in Holunder, Sorghum, Panicum, Lens usw.

Die besten *Reaktionen* auf Blausäure sind folgende: Schnitte oder Gewebestücke werden in der Gaskammer mit einem Tröpfchen Chloroform versetzt, das Deckglas mit einem Tröpfchen 1proz. Silbernitrat, das mit Methylenblau angefärbt ist, versetzt und aufgelegt. Die Zellen werden durch das Chloroform getötet, das Amygdalin durch das in der lebenden Zelle räumlich getrennte, beim Absterben frei werdende Emulsin gespalten, die Blausäure destilliert (Siedepunkt 26° C) und bildet am Deckglas Nadeln und Drusen von Silbercyanid, die sich mit Methylenblau „echt" blau anfärben. (Siehe S. 24.)

Man läßt einige Stunden fermentieren, um alle Blausäure in Freiheit zu setzen. Die Reaktion ist enorm empfindlich (0,06 γ). In den geringsten Mengen Leuchtgas und Tabakrauch läßt sich Blausäure so nachweisen.

10. Indoxylglykoside. Als Indikan und verwandte Glykoside in Isatis tinctoria und verwandten Arten, Indigoferaarten, Phajusarten, Polygonum tinctorium und einigen anderen.

Abb. 53. *Indigo.*
Links: Sublimate von Indigblau. Rechts: Sublimate von Indigrot. Vergr. 40 (nach PIRSCHLE).

Das Glykosid wird durch Säure oder ein hauptsächlich in den Chlorophyllkörnern sitzendes Ferment in Zucker und Indoxyl (Oxyindol) gespalten, das durch Luftsauerstoff zu Indigotin (Indigoblau) oxydiert wird.

Neben dem Indigoblau findet sich in den meisten natürlichen Handelssorten, wie auch im künstlichen Indigo, das mit Indigoblau isomere Indigorot (Indirubin), je nach Sorte und Darstellungsart in wechselnder Menge.

Aus Indigoziegeln des Handels sublimiert man zuerst mit kleiner Flamme, hitzt erst später stark an und wechselt mehrmals die Deckgläser. Zuerst erscheint das Indirubin dann immer dichter das Indigoblau in Nadeln und Prismen (Abb. 53).

Um in der Pflanze Indigo nachzuweisen, bzw. festzustellen, ob eine Pflanze Indigo enthält oder nicht, gibt man die Pflanzenteile in ein Gefäß mit eingeriebenem

Stöpsel, in dem sich aus offener Schale Alkohol- oder Ammoniakdämpfe entwickeln, und beläßt darin 24 Stunden. Beim Abtöten hört die in der intakten Pflanze vorhandene räumliche Trennung von Ferment und Glykosid auf, dieses wird gespalten und man sieht schon mit freiem Auge die blaugrüne Verfärbung durch den entstandenen Indigo. Nach Entfernung des Chlorophylls durch Einlegen in Alkohol oder Chloralhydrat erscheinen die Pflanzenteile blau. Im Mikroskop sieht man in den Zellen blaue Kriställchen und Tropfen von Indigo. (Z. B. Blätter von Phajus.)

Ebenso kann man aus zerriebenen, getrockneten Pflanzenstückchen direkt sublimieren und erhält einen schwachen aber deutlichen Indigobelag. Indirubin entsteht aus der Pflanze niemals.

Bei Wanderungen in den Tropen kann man sich vom Vorhandensein von Indoxylglykosiden leicht überzeugen, wenn man nahe an die Unterseite des Blattes der fraglichen Pflanze eine brennende Zigarette hält. Es bildet sich ein brauner Fleck, der von einem blaugrünen Ring umsäumt erscheint (Indigofermentation).

11. Schwefelhaltige Glykoside. Senföle. In zahlreichen Cruciferen, Reseda-, Tropaeolum- und Capparisarten, in der Krennwurzel usw. finden sich reichlich Glykoside; Sinigrin (speziell im Samen von Sinapis nigra und der Krennwurzel), Sinalbin im weißen Senf usw., die durch das im Gewebe räumlich getrennte Ferment Myrosin gespalten werden. Z. B. Sinigrin in Glukose, saures Kaliumsulfat und Allylsenföl, eine stark riechende, N- und S-haltige Verbindung.

Lauchöle. Den Senfölen verwandt sind die Lauchöle, die ebenfalls glykosidisch in vielen Zwiebelarten (Küchenzwiebel, Bärenlauch, Knoblauch usw.) vorliegen.

Ein eindeutiger mikrochemischer Nachweis auf die beiden S-haltigen Öle liegt nicht vor. Qualitativ kann man sich vom Vorhandensein dieser organischen Schwefelverbindungen überzeugen, wenn man Schnitte auf 2 Stunden über den Hals einer Bromflasche legt, ein Tröpfchen Ammoniak (zur Absättigung von Brom) und dann ein Tröpfchen 1proz. Calciumchlorid zufügt; die dabei dicht ausfallenden Gipskristalle zeigen den abgespaltenen Schwefel an (s. S. 25).

E. Chromatophorenfarbstoffe.

Unter diesem Namen seien alle Farbstoffe zusammengefaßt, die sich in den im Plasma eingebetteten Chromatophoren, selbständigen teilungsfähigen Zellorganen, den grünen (Chloroplasten, Chlorophyllkörnern) und den gelben (Chromoplasten, Karotinkörnern) finden oder in den farblosen Leukoplasten bilden können.

Die grünen (Chlorophylle) und gelben (Karotin und Xanthophyll) Farbstoffe sind chemisch absolut nicht verwandt, kommen aber im Chlorophyllkorn immer zusammen vor.

1. Chlorophyll. In allen Chloroplasten finden sich neben den gelben Farbstoffen (*Xanthophyll* und *Karotin*) zwei nahe verwandte Eiweißkörper *Chlorophyll a* und *b*, untereinander und mit den Karotinen in einem konstanten, fast überall gleichem Verhältnis. Sie enthalten Stickstoff und organisch gebundenes Magnesium; an ihnen vollzieht sich die Assimilation der Kohlensäure in organische Substanzen, der Grundprozeß des Lebens.

Im lebenden Zustand grün, im toten infolge Zersetzung durch organische Säuren häufig braun.

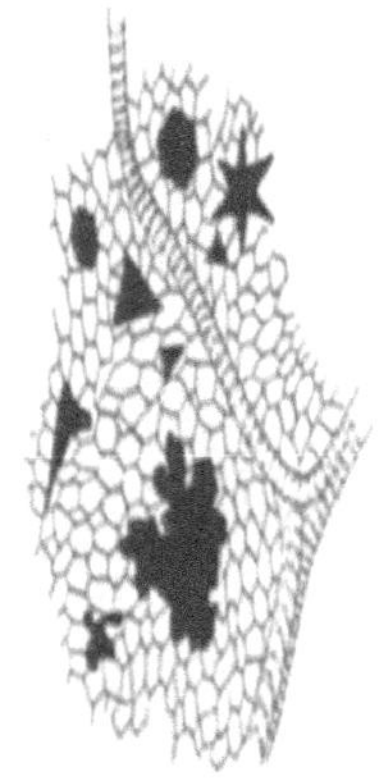

Abb. 54. Phäophytinreaktion im Blatt von Elodea mit verdünnter Salzsäure. Vergr. 180.

Nachweis. a) Lebende Schnitte werden etwas angetrocknet und dann mit wäßriger, konzentrierter Kalilauge versetzt Die Chlorophyllkörner färben sich sofort braun und nach $^1/_2$ Stunde wieder grün. Der Vorgang beruht auf einer Umlagerung im Chlorophyllmolekül.

b) Behandelt man Schnitte mit verdünnter Salzsäure (1 : 6), Schwefelsäure oder konzentrierter Oxalsäure, so tritt eine braungelbe Verfärbung ein und nach einigen Stunden entwickeln sich in den Chlorophyllkörnern braune Stäbchen, gebogene Nadeln und Fäden (Chlorophyllan-, Phäophytinreaktion, Abb. 54).

c) Versetzt man Schnitte mit Alkohol und läßt unter Deckglas langsam abtrocknen, so bilden sich oft grüne bis blauschwarze Kristallprodukte der Alkoholchlorophyllverbindung (Blätter von Pomaceen, Rumex, Oxalis, Dahlia usw., Abb. 55).

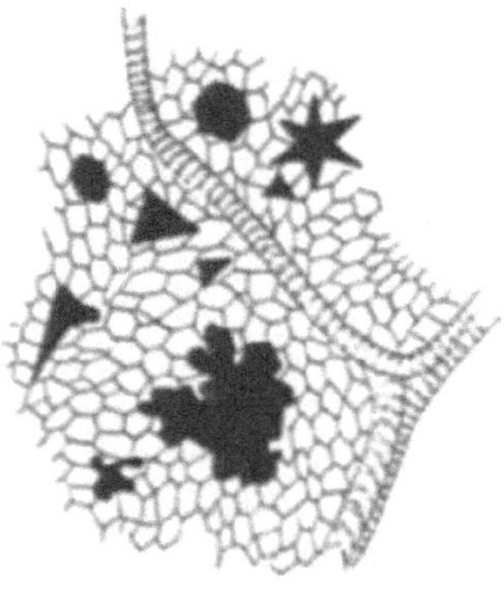

Abb. 55. Methylchlorophyllid im Blatt von Dahlia. Vergr. 285.

d) Die sicherste Probe auf kleinste Chlorophyllmengen ist die Prüfung auf *Fluoreszenz* in Gewebestücken wie in Extrakten. Behandelt man die Präparate unter Deckglas mit Alkohol, so geht das Chlorophyll in Lösung und fluoresziert auch in stark verdünnten Lösungen, speziell wenn man in direktem Sonnenlicht mit der Lupe einen Lichtkegel aufs Präparat wirft, blutrot (s. S. 16).

2. Karotinoide. Neben den grünen Farbstoffen im Chlorophyllkorn und in den gelben Chromoplasten allein liegen zwei gelbe bis rote Kohlenwasserstoffe, das rot kristallisierende Karotin und sein Oxydationsprodukt, das gelbe Xanthophyll, bzw. in den Chromoplasten noch verwandte Karotinoide, z. B. Lycopin in Lycopersicum-, Rosa- und Arumfrüchten, Rhodoxanthin in den rötlich verfärbten Blättern von Reseda, Thuja und Potamogeton usw. Sie liegen in den Chromoplasten meist, in den lebenden Chloroplasten immer gelöst vor, kristallisieren aber mit zunehmendem Alter in vielen gelben Blüten (Tropaeolum, Kronensaum der Narzissenblüte), Früchten (Rose, Paradiesapfel, Bocksdorn usw.), in Rhizomen (gelbe Rübe) usw. aus (Abb. 56). Gelborange gefärbte Blätter (Reseda, Aloe), Wurzeln (Dracaena) und viele gelbe bis feuerrote Blüten (besonders Ranunculaceen und Kompositen) sind durch Karotine gefärbt. Auch viele orange gefärbte Pilze (Peziza coccinea usw.) führen Karotine.

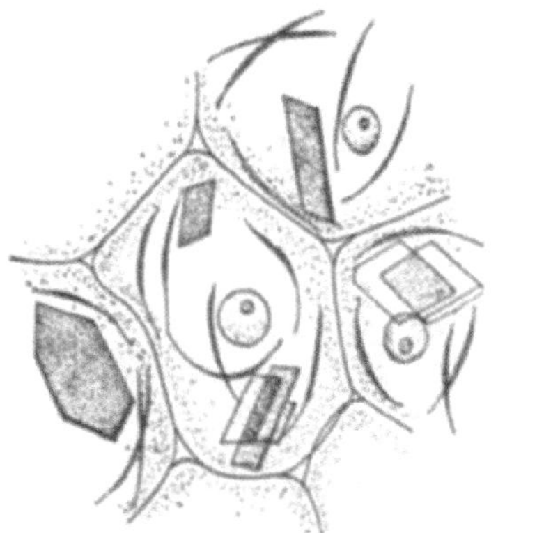

Abb. 56. Zellen aus einem Blütenblatt von Hemerocallis fulva mit Zellkernen, geschrumpften Chromoplasten und mächtigen Karotinkristallen (nach KOHL). Vergr. zirka 400.

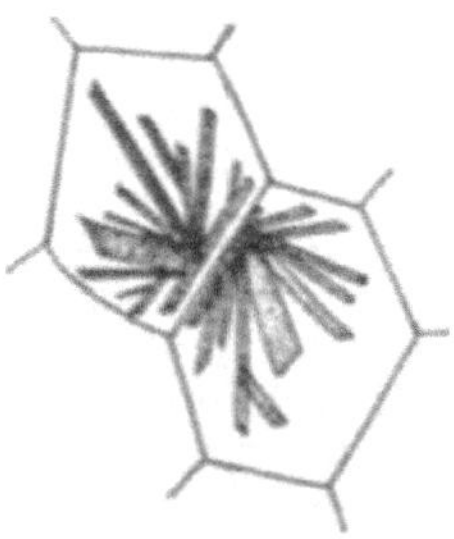

Abb. 57. Karotinkristalle im etiolierten Blatt von Vicia Faba nach Kalibehandlung. Vergr. zirka 400.

Abb. 58. Zellen aus Nitophyllum nach Absterben in Leitungswasser. Die Chlorophyllkörner grau, die Phycoerythrinkristalle schwarz. Vergr. 350.

a) Die Karotine werden mit ganz konzentrierter Schwefelsäure tiefblau gelöst; Salzsäure, Bromdämpfe und konzentrierte Salzsäure + Phenol färben blau an.

b) Legt man Gewebe oder Schnitte in Laugealkohol (100 cm^3 40proz. Alkohol + 20 g Kalilauge) auf einige Tage in verschlossenen Gläsern, so wird das ganze Chlorophyll herausgelöst. Wäscht man die gelblichen Präparate mehrere Stunden in destilliertem Wasser aus und untersucht dann in Glyzerin, so findet man die früher Chlorophyll oder Karotin führenden Zellen mit gelborangen Kristallen (Tafeln, Nadeln, Nadelbüscheln) übersät (Abb. 57).

Die Braunalgen, Diatomeen und die bekannte Orchidee Nestwurz (Neottia nidus avis) führen neben Karotinoiden statt grünem ein braunes Chlorophyll (Phaeophyll), das beim Absterben oder Abtöten mit Alkohol, siedendem Wasser usw. in das grüne übergeht.

3. Phykoerythrin. Ein für die Rotalgen charakteristischer roter Eiweißkörper, neben Chlorophyll und Karotin im Chloroplasten.

Wird ein Thallusstück einer lebenden Rotalge in 10proz. Kochsalz- oder Magnesiumsulfatlösung oder zuerst in destilliertes Wasser (zum raschen Abtöten) und dann in die Lösung gebracht, so färbt sich langsam der Zellsaft rot, die Chloroplasten werden grün. Nach einigen Stunden liegen in den Zellen prächtige, rote Prismen von Phykoerythrin (Abb. 58). Sie lösen sich im Wasser mit prachtvoller, rotoranger Fluoreszenz und werden durch Kalilauge blau.

4. Phykocyan. Die Blaualgen enthalten neben Chlorophyll und Karotinen den grünen, blauen, braunen oder roten Eiweißstoff Phykocyan.

Legt man einen Algenrasen nach Abdunsten in einen Tropfen Eisessig unter Deckglas oder in ein Schälchen, so werden die anderen Farbstoffe herausgelöst, die Fäden erscheinen vom gefällten Phykocyan entweder blau oder violett. Beim Abdampfen des Eisessigs kristallisiert dann am Rande oft Chlorophyllan oder Karotin aus.

F. Enzyme.

Enzyme sind spezifische Substanzkomplexe des lebenden Organismus, die in kleinster Menge katalytisch die einzelnen Prozesse beschleunigen. Sie sind chemisch nicht isoliert und bekannt, nur in ihrer Wirkungsweise studiert. Sie sind die Regulatoren der meisten Prozesse im Organismus, von denen jedes spezifisch nur einen einzigen Stoff oder Stoffgruppe in charakteristischer Weise zu verändern vermag und führen auch in Rohextrakten viele Umsetzungen in vitro durch. Sie sind an Eiweiß gebunden und werden durch Hitze, Säuren, Alkali usw. zerstört oder gehemmt. Nach ihrer Wirkungsweise unterscheidet man hydrolysierende und desmolysierende (Kohlehydrate, Fette, Eiweiß, Glykoside spaltende), oxydierende (Oxydasen) und reduzierende (Reduktasen) Enzyme.

Mikrochemisch sind manche durch ihre beobachtbare Wirksamkeit, durch ihre Lokalisation in gewissen Elementen bzw. durch die sie begleitenden Eiweißstoffe nachweisbar.

1. Diastasen (Amylase), die Stärke über Dextrine und Maltose zu Glykose abbauen.

Vorhandensein und Wirksamkeit der Diastase läßt sich leicht an Stärkekörnern beobachten. Diese zeigen sich nach einiger Zeit der Einwirkung von Diastase (auch künstlich nach Zusatz von Malzextrakt oder Speichel) von Poren und Kanälen durchsetzt (korrodiert), zerbröckeln und verschwinden schließlich. In dem Maß geht die Jodreaktion auf Stärke von Blau in Violettrot über (Dextrin) und tritt schließlich überhaupt nicht mehr auf (siehe keimende Gerste).

2. Zytase spaltet die Hemizellulosen in den Membranen der Reservestoffbehälter. Trägt man z. B. einen Tropfen einer Kirschgummilösung (enthält viel Zytase) auf einen Schnitt durch den Lupinensamen (am hohlen Objektträger), versetzt mit etwas Wasser und Thymol (zur Desinfektion) und hebt unter Deckglas in der feuchten Kammer auf, so sieht man nach einigen Tagen die Verdickungsschichten zerfließen und verschwinden.

3. Myrosin. Das senfölspaltende Ferment. Findet sich fast bei allen Cruciferen (s. S. 55) in bestimmten Zellen, die stark Eiweißreaktionen geben (Eiweißschläuche, Myrosinzellen). Bei den Resedaceen liegt es nur in den Schließzellen der Spaltöffnungen. Bei diesen Pflanzen liegen Senföl und Myrosin in getrennten Zellen. Manche enthalten aber nur Myrosin (z. B. Goldlack in der Gefäßbündelscheide). Gibt man zu diesem Gewebe Senföl, so wird es gespalten.

Die Myrosinzellen geben sehr auffallend die Eiweißreaktionen (besonders die Millonsche) und lassen sich dadurch im Gewebe sichtbar machen.

4. Emulsin in sehr vielen Pflanzen und Tieren, Glykoside (speziell die Blausäureglykoside spaltend. Auch dieses Ferment im Gewebe räumlich lokalisiert und von Glykosid getrennt.

Erst beim Anschneiden oder Töten kommen die Stoffe zusammen und treten in Wirksamkeit. Z. B. in bitteren Mandeln liegt das Emulsin im Embryo und den Gefäßbündeln des Kotyledo, das Amygdalin im Parenchym der Kotyledonen. Das Emulsin ist aber auch bei süßen Mandeln, wo kein Blausäureglykosid vorhanden ist, zugegen.

Zum Emulsinnachweis lassen sich die Blausäurereaktionen verwenden (s. S. 54). Das auf Emulsin zu prüfende Gewebe usw. kommt in die Gaskammer und dazu 5proz. Amygdalinlösung und etwas Chloroform. War Emulsin vorhanden, so ist die Blausäurereaktion am Deckglas bereits nach Stunden stark positiv.

5. Oxydasen. Allgemeinverbreitete Fermente, die oxydable Stoffe bei Sauerstoffgegenwart (frei oder aus Peroxyden) oxydieren (Verfärbung von angeschnittenen Äpfeln, Kartoffeln, von getöteten Pflanzen usw.). Eine Oxydase ist die Tyrosin zu Melaninen oxydierende Tyrosinase, die aus dem Milchsaft von Rhus vernicifera schwarzen Lack bildende Laccase usw.

Nachweis. Legt man Schnitte auf einige Minuten in eine verdünnte Lösung von Quajakharz in absoluten Alkohol und dann in Wasserstoffsuperoxyd, so färben sie sich bei Oxydasegegenwart blau. Auch hier ist oft Lokalisation auf bestimmte Gewebe festzustellen.

Zum Nachweis in ganzen Organen kann man gut das Wurstersche Tetrapapier verwenden. Legt man zwischen die Hälften einer aufgeschnittenen Kartoffelknolle oder die Schnittflächen vom Keimstengel von Helianthus und anderen Keimlingen einen Streifen des Papiers, so zeichnen sich die Elemente, welche Oxydase enthalten, am Papier mit blauem Abdruck ab.

G. Zellmembran.

Fast für jede Pflanzenzelle ist charakteristisch, daß sie von einer festen Gerüstsubstanz, der Zellhaut, umgeben, eingekapselt ist. Sie wird nicht aus *einem* chemischen Stoff aufgebaut, sondern meist aus einem Komplex von verschiedenen organischen, vielfach durchsetzt mit mineralischen Substanzen. Mit dem Reifen der Zelle und ihrer spezifischen Bestimmung treten oft chemische Veränderungen oder Einlagerungen auf, die für das betreffende Gewebe spezifisch sind.

1. Zellulose. Die Membran der jungen Zellen, ebenso wie das Gerüst der ausgewachsenen Zellen aller höheren Pflanzen und vieler niederer (fast aller Algen), besteht aus Zellulose. Diese ist ein zusammengesetztes Kohlehydrat, ein Polysacharid, das bei der Säure- und Fermentspaltung nur Glykose liefert. Es dient nur als Gerüststoff.

Reine Zellulosemembranen (Baumwolle, Leinenfaser, Sonnenblumenmark, Parenchymzellen einjähriger Pflanzen und aller jugendlichen Organe usw.) geben folgende Reaktionen:

a) Sie lösen sich in konzentrierter Schwefelsäure unter Braunfärbung und Hydrolyse.

b) Sie lösen sich unter Aufquellung unverändert in Kupferoxydammoniak (man fällt aus Kupfervitriollösung mit verdünnter Lauge Kupferoxydhydrat, filtriert, wäscht gut aus, preßt ab und löst in konzentriertem Ammoniak) und lassen aus diesen mit Säure oder Alkohol die Zellulose amorph oder kristallisiert fallen.

c) Trägt man reine Zellulosemembranen in Jodjodkaliumlösung (100 cm^3 Wasser + 0,3 g Jod + 1,3 g Jodkali) und versetzt dann mit einem Tropfen Schwefelsäure (2 Teile Schwefelsäure + 1 Teil Wasser), so färben sie sich unter mächtigem, oft ziehharmonikaartigem Aufquellen tiefblau.

d) Sie färben sich mit Chlorzinkjod (30 g Zinkchlorid, 5 g Jodkali, 1 g Jod und 14 cm^3 Wasser) violett.

Sind die Membranen mit anderen organischen oder anorganischen Stoffen durchsetzt, so kann man sie davon durch längeres Liegen in Kalilauge oder Schulzeschem Gemisch (1 Teil konzentrierte Salpetersäure + 1 Teil konzentrierte Lösung von Kaliumchlorat) befreien. Sie geben dann eindeutig die Zellulosereaktionen.

2. Hemizellulosen. Enthalten neben Glykose noch andere Hexosen oder Pentosen. Sie lösen sich schon in kochenden, verdünnten Säuren, geben bald die

Farbenreaktionen auf Zellulose, bald nicht oder färben sich mit Jod allein schon blau. Sie fungieren als Reservestoffe in Samen, Rinden usw. und werden beim Keimen und Treiben durch Enzyme gelöst.

(Dattelkern, Liliaceen-, Iridaceen-, Coffea-, Leguminosensamen.) Hierher gehört auch das

3. Amyloid. Die Wände zahlreicher Samen enthalten in den verdickten Membranen ein Polysacharid, das mit Jod wie Stärke (s. S. 33) blau wird. (Balsaminen-, Tropaeolumsamen, junge Sporen der Farne und Schachtelhalme.)

4. Verholzung. Bei der Ausgestaltung der Elemente des Holzteiles, vieler Bast-, Mark- und Steinzellen, werden deren Membranen durch Einlagerung verschiedener organischer Substanzen und deren Reaktion untereinander und mit der Zellulose „verholzt". Die Holzsubstanz (Lignin) ist zwar nicht bekannt, enthält aber im Molekül Substanzen (Vanillin) oder führt Begleitstoffe (Koniferin, Aldehyde), die immer im Holz vorhanden sind und folgende Reaktionen geben.

Verholzte Membranen werden mit

1. einer Lösung von Anilinsulfat (0,1 g Anilinsulfat + 10 cm^3 Wasser + 1 Tropfen Schwefelsäure) dottergelb.

2. Werden Schnitte in 5% alkoholische Phlorogluzinlösung gelegt und dann mit 1 Tropfen konzentrierter Salzsäure überdeckt, so färben sie sich kirschrot. Diese Reaktion beruht auf dem im Ligninmolekül vorgebildeten Vanillin (S. 50). Verholzte Gewebe geben bei Sublimation am Ring (s. S. 12) reichlich Vanillin.

Auch viele andere Stoffe geben mit Holzsubstanz Farbenreaktionen. Interessant ist, daß das Holz vieler Pomaceen, Prunusarten usw. schon mit Salzsäure allein rote Färbung gibt, da hier im Holzgewebe schon Phlorogluzin (s. S. 35) frei vorhanden ist.

5. Kutikularisierung und Verkorkung. Die Kutikula, das dünne Häutchen auf der Oberhaut aller krautigen Organe, ist aus einem Stoffgemisch von Fetten, Fettsäuren usw. (Kutin) gebildet. Auch die obersten Schichten der oberen Epidermiswand können damit durchtränkt sein. Sie bilden einen Fettmantel um die ganze Pflanze.

Ähnliche Stoffgemische sind in die Membranen der Korkgewebe, die oft in dichten Lagen, die Kutikula vertretend, alle mehrjährigen Organe umkleiden, eingelagert.

Die Korkzellen und die Kutikula geben folgende Reaktionen:

a) Sie lösen sich in konzentrierter Chromsäurelösung im Gegensatz zu Zellulose und Holzmembranen nicht oder nur sehr langsam.

b) Sie färben sich mit den Fettfarbstoffen, Sudan III oder Scharlachrot (s. S. 34) schön rot an.

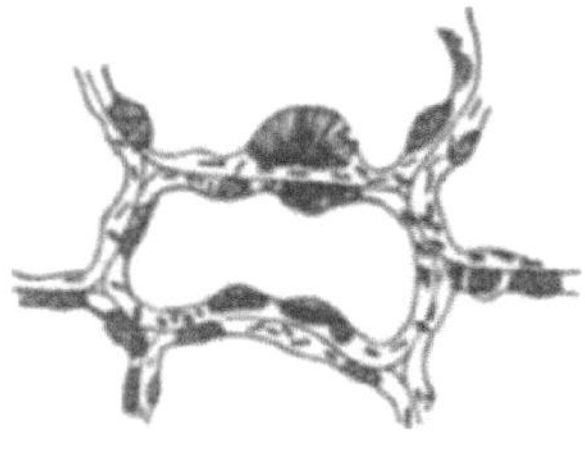

Abb. 59. Korkreaktion mit Kalilauge; im Kork von Pelargonium. Vergr. 180.

c) Korkmembranen zeigen *Verseifung.* Bringt man Korkgewebe in konzentrierte Kalilauge, so färben sie sich gelb. Erwärmt man das Präparat langsam bis zum Kochen, so wird es erst dunkelgelb und man findet dann in und an den Membranen gekörnelte, gelbe Ballen der Verseifungsprodukte (s. S. 34 und Abb. 59) der eingelagerten Fette und Fettsäuren. (Flaschenkork.)

d) Die Kutikula gibt mit dem Aldehydreagens häufig schöne rote Färbungen (s. S. 36).

6. Gummi und Schleime. Manche Membranen bestehen aus Gummi oder Schleim (Algen, Lein- und Flohsame usw.) oder bilden nachträglich diese Substanzen (Amygdaleen, Mimosaceen, Astragalus), die wahrscheinlich den Hemizellulosen nahestehen und dadurch charakterisiert sind, daß sie im Wasser verquellen. Bei manchen Pflanzen liegt der Gummi in der Zelle (Schleimbehälter der Orchideenknollen, Salep-, Malvaceenschleim usw.).

Spezifische Reaktionen für diese verschieden zusammengesetzten Stoffe so verschiedenen Ursprungs gibt es nicht. Sie werden nur durch gewisse Färbungen im allgemeinen angezeigt.

Nachweis. Viele Schleimbehälter färben sich mit Korallinsoda (1 % Korallin in konzentrierter Sodalösung) schön rot, mit alkoholischer Methylenblaulösung (1 : 5000) himmelblau (Malven-, Tilia-, Rosaceenschleim). Legt man schleimhaltige Schnitte in 10proz. Kupfersulfatlösung und dann in 10proz. Kalilauge, so färben sie sich blau (Malva).

Wundgummi. Unterschieden von diesen ist das durch Verquellen der Holzmembranen verwundeter Gewebe entstehende Wundgummi bei krautigen Pflanzen und Bäumen (z. B. Kirschgummi). Dieses verquillt im Wasser nicht und gibt die Holzstoffreaktionen (S. 59).

7. Pektinstoffe. Die Mittellamellen aller Zellen, die Kittsubstanz der Zellen zum Gewebe, die Interzellularsubstanz vieler Früchte (Äpfel, Quitte — Quittenschleim —), die organische Membransubstanz der Kieselschalen der Diatomeen bestehen aus diesen Stoffen.

Sie färben sich mit sehr vielen Farbstoffen. Halbwegs sicher sind nur folgende Reaktionen:

Rutheniumrot (Farbstoff 1 : 5000 im Wasser, mit einem Tröpfchen Ammoniak versetzt) färbt fast nur Pektinstoffe rot.

Safranin färbt orangegelb (Holz rot), Methylenblau blauviolett (alles andere rein blau). Beim Auswaschen mit verdünnter Essigsäure werden die Pektinstoffe entfärbt. Alles andere bleibt gefärbt.

8. Phytomelane. Im Hüll- und Spreublatt, in der Fruchtwand vieler Kompositen findet sich eine braune bis schwarze Schicht (entstanden aus der Mittellamelle einer verdickten Zellschicht), die als Netzwerk die ganze Wand durchzieht und kohleartige Beschaffenheit hat.

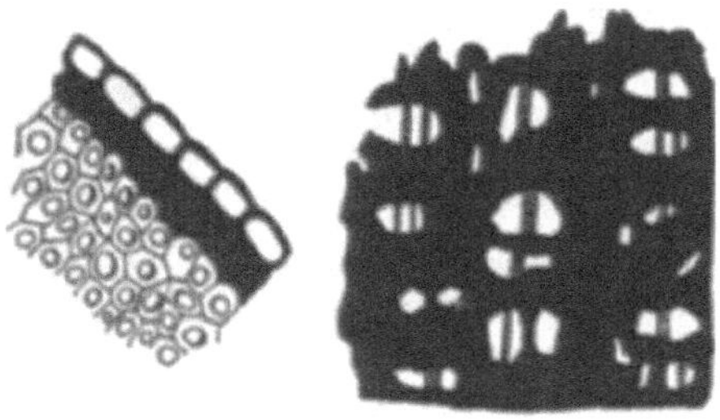

Abb. 60 a, b. Phytomelanschichten.
a Querschnitt durch das Pericarp von Bidens pilosa.
b Flächenansicht aus dem Pericarp von Xanthium spinosum. Vergr. 180.

Wenn man Kompositenfrüchte und Hüllblätter in Chromschwefelsäure legt, bleiben nur diese Phytomelanschichten als zierliche Netze übrig (Abb. 60), s. Kohle (s. S. 27).

Beim Veraschen verschwinden sie. (Versuchsobjekte: Samen von Helianthus, Früchte von Xanthium, Tagetes, Carthamus.)

9. Chitin. Im Gegensatz zu allen anderen Membranen besteht die der Pilzhyphen aus dem im Tierreich häufigen (Crustaceen, Insekten) Chitin. Bei der Spaltung mit Alkali liefert Chitin Chitosan und dieses mit Säuren Essigsäure und Glykosamin (stickstoffhaltige Glykose).

Nachweis. Die Pilzprobe wird mit konzentrierter Kalilauge am Ölbad (zugedeckt, um das zu starke Abdunsten des Wassers zu verhindern) auf 120° erhitzt (ca. $^1/_2$ Stunde), dann mit Alkohol gewaschen und mit Jodjodkaliumlösung (0,2 g Jod + 2 g Jodkalium in 100 cm³ Wasser) und Schwefelsäure (5 %) versetzt. Das in den Membranen gebildete Chitosan färbt sich violett.

H. Besondere Zellinhaltskörper.

Recht häufig findet der Biologe neben den bekannten morphologischen Gebilden der Zelle (Kern, Chromatophoren, Stärkekörner, Oxalatkristalle usw.) Einschlüsse amorpher oder kristallinischer Beschaffenheit, die nicht leicht, häufig überhaupt nicht zu identifizieren sind. Auf die Morphologie und Zytologie dieser Körper kann hier nicht eingegangen werden. Soweit sie aber schon irgendwie mikrochemisch zu charakterisieren sind, sollen sie als Anhang zusammenfassend behandelt werden.

a) Eiweißkörper und Eiweißkristalle.

1. Im Plasma oder Zellsaft. Aleuron. In allen reifen Samen, besonders in fetthaltigen, liegen eiweißreiche Körner, die Protein- oder Aleuronkörner. Sie sind am besten sichtbar zu machen durch Einlegen der Schnitte in Öl oder Glyzerin, da in Wasser das vorhandene Fett störende Emulsionen bildet.

In der Eiweißgrundmasse, die von einer dünnen Membran umgrenzt wird, können noch verschiedene Inhaltskörper liegen: Eiweißkristalloide, Globoide und Kalkoxalatkristalle (Abb. 61).

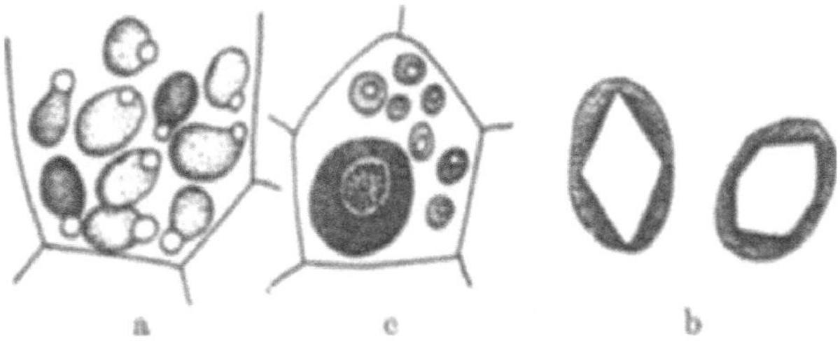

Abb. 61a—c. Aleuronkörner
a aus dem Endosperm von Rizinus, mit Globoiden, in Olivenöl. Vergr. 250.
b nach Behandlung mit Pikrinsäure-Eosin treten die Eiweißkristalle deutlich hervor, die Globoide sind verschwunden. Vergr. 350.
c aus dem Samen von Vitis. Das große Proteinkorn führt eine Druse von Kalkoxalat. Vergr. 250. (Nach MOLISCH.)

Die Membran besteht auch aus Eiweiß und läßt sich durch ganz verdünnte Lauge, Salz- oder Essigsäure und Kalkwasser sichtbar machen.

Die Eiweißgrundmasse löst sich in verdünnter Kalilauge, Ammoniak und konzentrierter Natriumphosphatlösung und gibt sehr deutliche Eiweißreaktionen. Die Proteinkörper in den Kotyledonen der Leguminosen und in der Membranschicht der Gramineenfrüchte enthalten nur diese Grundmasse.

Häufig aber führt das Aleuron auch Eiweißkristalloide. Sie sind im optisch homogenen Medium oft nicht sichtbar, treten aber in konzentrierter Natriumphosphatlösung, die alles andere weglöst, deutlich hervor.

Noch klarer werden die Bilder, wenn man die Schnitte mit Pikrinsäure (in absolutem Alkohol gelöst) fixiert, mit absolutem Alkohol wäscht, mit alkoholischer Eosinlösung färbt (wenige Minuten) und mit absolutem Alkohol differenziert. Die Schnitte kommen durch Nelkenöl in Kanadabalsam. Die Eiweißmasse ist dunkelrot, das Kristalloid gelb, die Globoide sind verschwunden (Samen von Linum, Rizinus und Bertholletia).

Die *Globoide* (MgCa-Salz einer Inositphosphorsäure = Phytin) lösen sich in verdünnter Essig-, Pikrin- und Salzsäure.

Kalkoxalat, relativ selten in Einzelkristallen oder Drusen (Vitissamen), leuchtet im polarisierten Licht auf.

Eiweißkörper finden sich ferner (von Membranen umgeben) im Milchsaft mancher Moreen (Cecropia peltata). Sie sind von ungleicher Form, geben die Eiweißreaktionen, lösen sich in Alkali, färben sich mit Jodjodkali gelb, mit Anilinviolett violett.

Eiweißkristalloide finden sich unter den Krypto- und Phanerogamen recht häufig. Charakteristisch sind die Eiweißwürfel unter dem Kork der Kartoffelknolle, plattenförmige Kristalle im Milchsaft von Musa- und Amorphophallusarten; mond-, faden- und peitschenförmige in Epiphyllumarten, in der Oberhaut von Drosera und Dionaea usw.

2. Im Kern. In den Zellen der *Characeen* findet man kugelige, dicht bestachelte Körperchen (Stachelkugeln), die mit Jodjodkali braun werden und die Eiweißreaktion geben. Auch die Kerne höherer Pflanzen führen Eiweißkristalle, z. B. von Lathraea squamaria, von Pinquicula, Utricularia, Liliaceen, Campanulaceen usw.

Die Eiweißreaktionen sind in den genannten Fällen deutlich sichtbar, müssen aber in vielen anderen Fällen erst durch zytologische Färbungen (Hämatoxylin mit Säurefuchsin) sichtbar gemacht werden.

3. In Chromatophoren. Die grünen (Chloroplasten), gelben (Chromoplasten) und farblosen (Leukoplasten) Chromatophoren können neben ihrer Eiweißgrundmasse und den spezifischen Farbstoffen noch andere Inhaltskörper führen: Eiweißkristalloide, Leukosomen und Pyrenoide. Vom Ölvorkommen wird später gehandelt, über Stärke s. S. 33.

Eiweißkristalloide finden sich besonders bei Orchideen, Canna usw. Die *Leukoplasten* in der Epidermis mancher Tradescantiaarten (z. B. Tr. discolor) führen Proteinkörper (Leukosomen), die die Eiweißreaktionen geben und mit Jodjodkali gelbbraun werden. Bei vielen Algen (Diatomeen, Chlorophyceen, Florideen) und dem Moose Anthoceros findet man in den Chloroplasten kugelige Körper in der Ein- oder Mehrzahl eingebettet (Pyrenoide), die nur aus amorphem Eiweiß bestehen oder auch Eiweißkristalloide eingelagert zeigen und dadurch charakteristisch sind, daß an ihnen Stärkekörner direkt hüllenbildend anschießen (Abb. 62 u. 63).

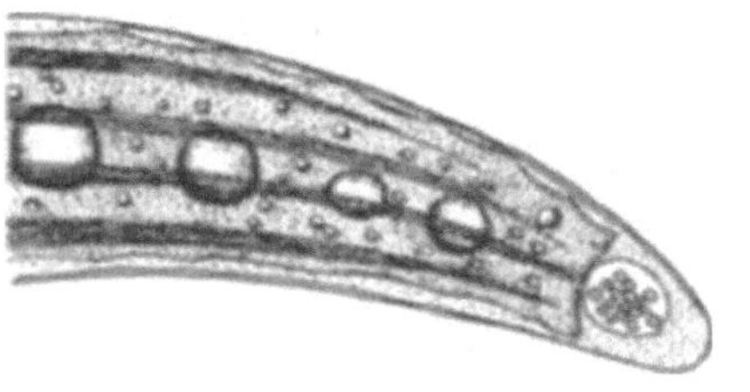

Abb. 62. Zellende von Closterium Ehrenbergi mit Chromatophor, Pyrenoiden und Endbläschen, erfüllt von Gipskriställchen. Vergr. 700.

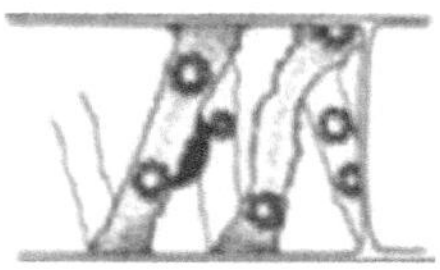

Abb. 63. Stück einer Zelle von Spirogyra mit Chlorophyllband. Darin die Pyrenoide mit Stärkeherden. Vergr. 285.

b) Öl.

Öltropfen. In und an den Chloroplasten vieler Pflanzen, z. B. Musa, Dracaena, Agave, Orchideen, Kakteen usw., findet man häufig stark lichtbrechende Tröpfchen, die weder zu den echten Fetten noch den ätherischen Ölen gehören, keine Aldehyde (s. S. 36) enthalten, in Wasser unlöslich, in Alkohol, Äther, Petroläther, Chloroform usw. löslich sind und sich mit 1proz. Osmiumsäure (s. S. 39) braun färben (Abb. 64).

Sie werden mit zunehmendem Alter mehrjähriger Blätter größer und zahlreicher und treten auch vor dem Blattfall reichlich auf; bilden und reichern sich auch bei intensiver und langdauernder Assimilation an. Vielleicht stammen sie aus den Phosphatiden des Chloroplastenstromas (Mesophyllsekret).

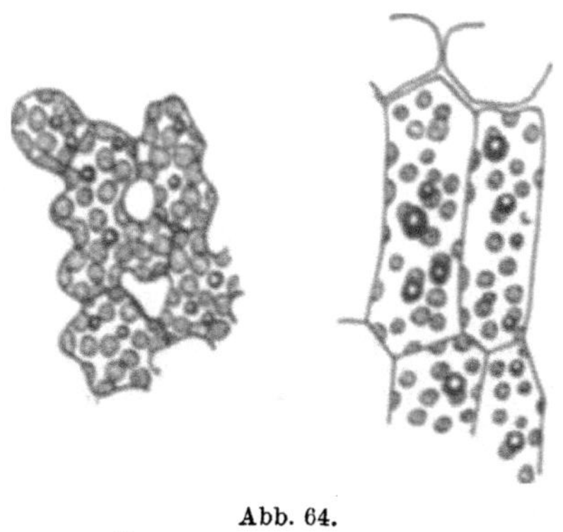

Abb. 64.
Links: Ölkügelchen im Blattmesophyll von Musa. Vergr. 350.
Rechts: Mesophyllsekret im Blatt von Taxus. Vergr. 285.

Ölkörper bei Blütenpflanzen. In jungen Blättern von Vanilla, Dracaena, Agave, Liliaceen (Ornithogalum, Funkia) und Orchideen, aber auch in Stengeln und Wurzeln, werden meist ein bis mehrere rundliche, plasmatische Gebilde, die von Öl erfüllt sind (etwas größer als der Zellkern, ca. 8 bis 12 μ) gefunden, die *Elaeoplasten.* Sie verschwinden mit zunehmendem Alter des Organes.

Bei Behandlung mit Eisessig oder Pikrinsäure tritt die Ölmasse aus; sie ist in Alkohol und Lauge löslich, wird mit Alkannatinktur rot und mit Osmiumsäure schwarz.

Auch bei *Lebermoosen* finden sich ölhaltige Ansammlungen (bis 20 μ) in den Zellen. Sie zeigen die Löslichkeits- und Färbungseigenschaften wie die Öle. Ob echte Fette oder Öle vorliegen, ist nicht entschieden.

Bei *Laubmoosen* (Fontinalis) liegen in den Blattzellen zu Knäueln dicht verschlungen Fäden, die beständig ihre Lage und Form ändern, durch Reagenzien (Chinin, Alkohol usw.) zerfallen und nach Auswaschen dieser wieder zusammentreten. Sie bestehen zum größten Teil aus Fett.

c) Irisierende Platten.

Bei Meeresalgen, besonders Chylocladia- und Nitophyllumarten, die bei starker Beleuchtung blau, weiß oder rötlich irisieren, treten an den belichteten Thallusteilen in jeder Zelle parallel dem stärksten einfallenden Licht Platten oder Kugeln auf, die stark lichtbrechend sind und kleine Kügelchen enthalten. Sie werden mit Jod braun, mit Osmiumsäure schwärzlich und unlöslich; ob sie Eiweißkörper oder Elaeoplasten sind, ist noch ungeklärt.

d) Der Augenfleck.

Bei vielen aktiv beweglichen Algen (Volvox) und den grünen Flagellaten (Euglena), ebenso bei den Schwärmsporen vieler festsitzender Algen (Ulothrix usw.) liegen im Plasma, oft bestimmt orientiert, ein oder mehrere rötliche Körperchen — die *Augenflecke* genannt werden. Sie bestehen aus einer plasmatischen Grundlage, die mit einem Karotinoid tingiert ist. Der Farbstoff zeigt alle Reaktionen des Karotins (s. S. 56).

e) Volutin.

Bei Bakterien, den meisten Pilzen und vielen Algen (z. B. Spirillum, Hefe, Diatomeen) findet man farblose, zähflüssige, lichtbrechende Körperchen (0,2 bis 6 μ), die Volutinkörper. Sie lösen sich in Wasser von 80 bis 100°, werden aber durch Alkohol, Pikrinsäure und Formol schwarz oder unlöslich.

Sie lösen sich in Alkalien und konzentrierten Säuren und geben schöne Färbungen. Trocknet man das Material am Deckglas an, zieht durch die Flamme, färbt mit Methylenblau (1 Teil in 10 Teilen Wasser) und wäscht (unterm Deckglas durchziehen) mit 1proz. Schwefelsäure, so bleibt nur das Volutin dunkelblau gefärbt.

Der Körper wird für ein Nukleoproteid gehalten.

Was sonst an kleinsten Körnchen und Tröpfchen von Eiweiß, Lipoiden, Fetten, ätherischen Ölen, Gerbstoffen usw. in der Zelle schwebt, entzieht sich der Diagnose.

f) Chromosomen.

Um das spezifische Chromatin des Zellkerns, besonders in den Chromosomen von sich teilenden Zellen, sichtbar zu machen, war es bisher nötig, das Material zu fixieren, einzubetten, zu schneiden, zu färben usw.; das Präparat bedurfte also einer wochenlangen Arbeit. Nunmehr ist es möglich, in 10 Minuten von generativen und auch *somatischen* Kernteilungen ein Chromosomenpräparat herzustellen, aus dem die genaue oder (bei hohen Zahlen) doch annähernde Zahl der Chromosomen, Spaltungen, Einschnürungen, Satelliten usw. leicht und eindeutig ermittelt werden können.

Zupfmaterial oder Rasiermesserschnitte werden auf dem Objektträger mit Karminessigsäure (45proz. Essigsäure kochend mit Karmin gesättigt und filtriert) unter Deckglas wiederholt aufgekocht. Das durch die Behandlung mazerierte Gewebe wird durch sanften Druck mit der Nadel senkrecht auf das Deckglas in schnittdünner Schicht ausgebreitet. Dann saugt man frische Karminessigsäure durch und läßt abkühlen. Untersucht wird wie üblich mit Ölimmersion und starkem Okular möglichst auf Kreuztisch (wegen des leichteren Festhaltens von guten Bildern). Die Chromosomen treten intensiv gefärbt im fast farblosen Plasma hervor.

Die Präparate können unbeschadet eintrocknen und monatelang liegen; zum Gebrauch werden sie nur wieder frisch mit Karminsäure aufgekocht. Die Methode bedeutet eine ungeheure Erleichterung bei Chromosomenstudien (HEITZ).

IV. Tierische Histochemie.

(Vgl. auch die Abschnitte: Tierische Gewebe [ROMEIS], Histochemische Reaktionen [ROMEIS], Mikroskopischer Nachweis der Zellpigmente und Lipoide [SCHMIDTMANN] und Mikrotechnik der Wirbellosen [GELEI] in der „Methodik der wissenschaftlichen Biologie", Bd. 1.)

Im Gegensatz zur pflanzlichen Histochemie ist die tierische noch nicht auf exakt mikrochemischer Grundlage durchgearbeitet.

Die Schwierigkeiten der histochemischen Untersuchungen auf animalem Gebiete sind durch die geringe Widerstandsfähigkeit der Tierzelle (schon verdünnte Säuren und Alkalien zerstören die Zelle vollständig) noch erhöht. Dann ist die Tierzelle durch ihren hohen Gehalt an Eiweiß charakterisiert, das in freiem Zustand jede Reaktion verhindert und vorher irgendwie gefällt werden muß.

Schließlich ist nach allen Untersuchungen der Gehalt an Substanzen in der Tierzelle recht einheitlich, einförmig, die Zahl der vorhandenen Substanzen überhaupt gering.

Zwischen der Richtung der Histologie, die den streng lokalisierten Nachweis im Gewebe und den Zellstrukturen mit morphologisch eindeutigen, empfindlichen Färbungen, allerdings nach langwierigen verändernden Prozeduren versucht, und der streng chemischen Richtung der physiologischen Chemie, die einzelnen Stoffe zu isolieren und qualitativ und quantitativ eindeutig zu charakterisieren, ist eine klaffende Lücke. Ein Übergang, der unseren botanischen Methoden des chemisch eindeutigen Nachweises eines Stoffes in oder aus einem Gewebestückchen entspricht, existiert in der animalen Mikrochemie noch kaum. Nun bin ich der Meinung, daß ein lokalisierter Stoffnachweis in der Zellstruktur aus vielen Gründen nicht beweisbar, ja direkt unmöglich ist, wenigstens für die üblichen Methoden. Der mikrochemische Nachweis im Sinne der Pflanzenmikrochemie wäre demnach die einzige Möglichkeit, Vorkommen, Verteilung und Wandel von Stoffen in Geweben und Organteilen, Körperflüssigkeiten usw. näher zu erfassen und damit physiologischer Forschung zu dienen. Für die Erforschung des feineren Zellbaues nach der chemischen Zusammensetzung scheint in den meisten Fällen noch keine sichere Möglichkeit gegeben.

Deshalb seien im folgenden nur mikrochemisch sichere Methoden angeführt.

Zum Nachweis von chemischen Stoffen im weichen tierischen Gewebe kommen diese natürlich nur in einem Zustand in Betracht, wo Veränderungen in der chemischen Zusammensetzung und Verteilung der Körper noch nicht Platz gegriffen haben. Also *frische Zupfpräparate*, nach vorhergehender Trocknung im Schwefelsäureexsikkator oder bei höherer Temperatur, am besten *Gefrierschnitte*, die am Gefrieraufsatz des Mikrotoms in wenigen Minuten ohne Veränderung des Chemismus (es wird nur Wasser entzogen und das Eiweiß gefällt) hergestellt werden können und mikroskopisch die beste Übersicht geben[1].

Auf das Mikrotom wird der Gefrieraufsatz, der mittels Metallschlauch mit einer Kohlensäureflasche verbunden ist, aufgesetzt. Das Objekt wird auf die Aufsatzfläche aufgedrückt oder mit Gummi oder Agar aufgeklebt, dann wird die Kohlensäure stoßweise ausströmen gelassen, durch die Verdampfungswärme der Kohlensäure das Objekt hart gefroren und entwässert und wie normal geschnitten.

---

[1] Eine Bearbeitung der tierischen Histochemie auf dieser Grundlage mit den botanischen Methoden plane ich selbst, nach Beendigung der schon langjährigen Vorarbeiten, durchzuführen.

Harte Objekte (Knochen, Zähne, Korallen usw.) können geschliffen und in Dünnschliffen untersucht werden. Für die chemische Prüfung genügen auch abgebrochene Fragmente.

a) Anorganische Stoffe.

1. Kalium. Gefrierschnitte frischer Organe, Blutzellen usw. kommen sofort in eine konzentrierte Lösung von Natriumkobaltnitrit in 10proz. Essigsäure. Nach wenigen Minuten überträgt man zum Entfernen des Reagensüberschusses für $^1/_2$ Stunde in 10proz. Essigsäure und dann auf mehrere Stunden in destilliertes Wasser. Das Kalium ist in Form von kleinen, orangegelben Kristallen gefällt. Um diese besser sichtbar zu machen, bringt man die Präparate in Glyzerinammoniumsulfid (Schwefelwasserstoff wird in Ammoniak — spezifisches Gewicht 0,96 — bis zur Sättigung eingeleitet und diese Lösung mit gleich viel Glyzerin gemischt); durch Bildung von Kobaltsulfid färben sich die Kriställchen schwarz. Freilich geben Ammonium und Kreatin im Tierkörper die gleiche Reaktion. Zum Vergleich ist es daher nötig, ein gleich großes Quantum zu glühen, wobei nur Kalium übrigbleibt, und mit diesem eine Vergleichsreaktion zu machen.

Auch mit Platinchlorid kann man so wie bei pflanzlichen Präparaten (s. S. 17) auf Kalium prüfen.

2. Der Nachweis von **Ammonium** läßt sich ebenso wie im Pflanzenkörper führen (s. S. 19).

3. Ebenso der Nachweis auf anorganisches und organisches **Magnesium** (s. S. 22).

4. Calcium. Gelöstes Ca gibt mit einer 5proz. Lösung von Ammonoxalat die unlöslichen Kriställchen von Calciumoxalat (s. S. 30) oder man behandelt mit 1 Tropfen 2proz. alkoholischer (96proz.) Schwefelsäure (s. S. 20). Die entstandenen Gipskriställchen lassen sich deutlicher sichtbar machen, wenn man mit Alkohol nachwäscht, mit einem Tropfen $\frac{n}{10}$ Bleiazetatlösung versetzt, nach 30 Minuten gut in Wasser wäscht und dann in Glyzerinammonsulfid (s. oben) überträgt. Das Calciumsulfat wurde dadurch in das unlösliche Bleisulfat und dieses in schwarzes Bleisulfid umgewandelt, das sich vom Präparat gut abhebt.

Sehr kalkreiche Präparate wie Stücke oder Schliffe von Zähnen, Knochen usw. überdeckt man mit einem Tropfen 10- bis 20proz. Schwefelsäure, worauf das ganze Präparat in kürzester Zeit mit Gipsbüscheln bedeckt ist (Unterscheidung von vegetabilischem Elfenbein) und sich nach Abwaschen und neuerlichem Zusatz von Reagens wieder bedeckt, da das vollständige Herauslösen des gesamten Calciumkarbonates und -phosphates viele Stunden dauert.

5. Eisen. Das anorganische Eisen wird wie im Pflanzengewebe mit Ferro- und Ferricyankalium als Berliner- und Turnbullsblau nachgewiesen (s. S. 23).

Die einzige absolut zuverlässige Methode zum Nachweis des anorganischen Eisens ist folgende:

Die Gefrierschnitte werden in destilliertem Wasser abgespült und kommen auf einige Stunden in konzentriertes, etwas gelb gefärbtes Schwefelammon; werden dann in destilliertem Wasser sorgfältig abgespült und in einer frischbereiteten Mischung von 20proz. Ferricyankaliumlösung und 1proz. Salzsäure zu gleichen Teilen für 15 Minuten eingelegt. Nach sorgfältigem Abspülen erscheint alles anorganische Eisen als Turnbullblau leuchtend blau.

Der Nachweis des organisch gebundenen, also des gesamten Fe gelingt eindeutig nur nach Veraschung. Die Behandlung ist wie beim Pflanzenschnitt. Eisenreiche Gewebe geben gelbe bis dunkelrote Aschen.

Nur im Blut ist es uns gelungen, das im Hämoglobin organisch gebundene Eisen ohne Veraschung nachzuweisen. Salzsaures Hämatin, Hämoglobin und intaktes

Blut geben bei vorsichtigem Hantieren direkt keine Berlinerblaureaktion. Legt man aber eine Spur dieser Stoffe oder einen Blutausstrich auf dem Objektträger über den Hals einer Bromflasche (etwa 1 Stunde) (s. S. 22) und macht dann die Reaktion, so tritt die Berlinerblaufärbung annähernd so stark auf wie nach dem Veraschen der gleichen Stoffmenge[1].

6. Kupfer läßt sich wie Eisen (1.) mit Ferrocyankalium nachweisen und gibt rotbraune Färbung.

7. Chlor wird entweder mit 1 proz. ammoniakalischem Silbernitrat wie im Pflanzenschnitt kristallisiert dargestellt (s. S. 24) oder lokalisiert auf folgende Art: frische Schnitte werden in $\frac{n}{10}$ Silbernitrat in 1,5proz. Salpetersäure übertragen und nach Imprägnierung dem Licht exponiert, wobei das entstandene Silberchlorid reduziert und schwarz gefärbt wird. Die Salpetersäure verhindert das Entstehen anderer Silberverbindungen, die sich evtl. auch dunkel färben würden.

8. Die wechselnde Bildung von **Salzsäure** im normalen und pathologischen Magen ließ sich durch die parallel verlaufende Speicherung und Ausscheidung von injiziertem Neutralrot durch die Belegzellen verfolgen.

9. Jod läßt sich wie im Pflanzenschnitt mit Salpetersäure und Stärke durch Blaufärbung nachweisen (größere Mengen in der Schilddrüse) oder als rotes *Quecksilberjodid* darstellen. Die Schnitte kommen wie beim Chlor (im Dunkeln) in die Silbernitratlösung, werden hierauf mit destilliertem Wasser gewaschen und kommen in eine 4proz. Lösung von Sublimat, in der sich das vorher gebildete Silberjodid in zinnoberrotes Quecksilberjodid verwandelt.

10. Die Kohlensäure der Karbonate wird ebenso wie beim Pflanzengewebe (s. S. 1042) sichtbar gemacht.

11. Sulfate lassen sich am besten durch Eintragen der Schnitte in Bleiazetatlösung in 5proz. Salpetersäure als Bleisulfat fällen, das durch Glyzerinammonsulfid in schwarzes, gut auffindbares Bleisulfid umgewandelt wird (s. S. 65).

Die organischen Bindungsformeln von Schwefel (z. B. das Cystin im Eiweiß und Keratin, Taurin in der Taurocholsäure der Galle, Ätherschwefelsäuren im Harn von Harnkranken) lassen sich nach Abspaltung durch Brom (s. S. 25) als Gips (und evtl. Überführung in Bleisulfid (s. S. 65) schön nachweisen.

12. Phosphate werden durch salpetersaures Ammonmolybdat (s. S. 26) gelöst und als gelbes Phosphormolybdat gefällt (besonderer Nachweis des Calciumphosphats im Knochen). Der Nachweis des organisch gebundenen Phosphors gelingt sehr gut mit meiner Perhydrolmethode (s. S. 26), nur zeigt das Tiergewebe meist größere Mengen als das pflanzliche.

13. Zur Prüfung der Mineralstoffe in *Knochen, Zähnen* usw. verfährt man am besten so: Der Knochenschliff und -splitter, ebenso Knochenasche wird am Objektträger oder bei größeren Stücken im Reagenzröhrchen mit 50proz. Salzsäure überdeckt, wobei sich die Salze lösen, dann mit Ammoniak übersättigt (weiße Fällung) und mit Essigsäure wieder gelöst (nur Eisenphosphat bleibt in Flocken ungelöst).

Mit je einem Tröpfchen der Lösung läßt sich dann Calcium, Magnesium und Phosphor wie bei der Pflanze nachweisen.

b) Organische Stoffe.

1. Oxalsäure gelöst (im Harn) wird am einfachsten mit 1proz. Calciumnitrat, -azetat oder -chloridlösung versetzt, worauf sofort ein weißer Niederschlag von Körnchen und Kriställchen des Calciumoxalates fällt (s. S. 30). Oder man versetzt mit einem Tropfen 10proz. Essigsäure und einem Tropfen 1proz. Silbernitrat

[1] Noch nicht veröffentlicht.

und erhält die charakteristischen Kriställchen von Silberoxalat. Festes Calciumoxalat (Harnsteine) wird geprüft auf Löslichkeitsverhältnisse nach S. 20 und nach Salzsäurebehandlung wie oben. Auch die Sublimation ist so zu führen wie in der Pflanze (s. S. 30).

2. Fettsäuren und Fette, die Fettgewebe erfüllend, aber auch sonst in jeder Zelle. Sie zeigen sich schon im intakten Gewebe durch starke Lichtbrechung an, werden mit Äther, Benzol, Chloroform, Azeton herausgelöst. Die ungesättigten Fettsäuren und Fette werden durch 1proz. Osmiumsäurelösung und Fixiergemische, die diese enthalten, schwarz gefärbt.

3. Alle Neutralfette geben mit Sudan III oder Scharlachrot (heiß gesättigte Lösung in 70proz. Alkohol, nach dem Erkalten von dem ausgefallenen Farbstoffüberschuß filtriert) prachtvoll rote, mit gesättigter Chlorophyllösung in 80proz. Alkohol tiefgrüne Färbung.

4. Freie Fettsäuren (besonders Ölsäure) und deren K-, Na- und Ca-Salze (Seifen), charakteristisch für nekrotisches Fett, lassen sich folgendermaßen nachweisen: Man behandelt Gefrierschnitte durch 2 Stunden mit einer konzentrierten Lösung von Kupferazetat bei 35° und wäscht dann den Salzüberschuß mit destilliertem Wasser aus. Sämtliche Fettsäuren und ihre Salze findet man als blaugrüne bis blaßgrüne Tröpfchen oder Kriställchen. Nachträgliche Sudanfärbung zeigt neben den grünen Fettsäuren die Neutralfette rot.

5. Fettsäuren, Seifen und auch Phosphatide färben sich mit Neutralrot tiefrot, während **neutrale Fette** ungefärbt bleiben. Mit dieser Methode ließ sich die Verbreitung der verschiedenen Fettsubstanzen unter normalen und pathologischen Verhältnissen verfolgen, ebenso die Bildung von Fett aus Glykogen in jungen Fettzellen feststellen. Durch Sudanfütterung ließ sich nach der Färbung die Ein- bzw. die Anlagerung neuer Fettsubstanzen verfolgen, ähnlich wie mit eingeführtem Alizarin die neuen gebildeten Knochenschichten durch chemische Bindung des Farbstoffes an dem frisch abgelagerten Kalk. Auch die fettartigen Sekrete in der Milchdrüse, der Schilddrüse, den Talgdrüsen und der Harderschen Drüse an manchem Säugetierauge zeigen die Fettreaktionen.

6. Werden Schnitte vorerst nach *Ciaccio* in Kaliumbichromat 5proz. oder in Formol 40proz. fixiert und dann mit absolutem Alkohol (2 Stunden) behandelt, so gehen die Fette in Lösung, die **Lezithine** sind eine schwerlösliche Komplexverbindung eingegangen und färben sich jetzt mit Sudan selektiv rot.

7. Die überall vorhandenen **Cholesterine** lassen sich wie die Phytosterine (s. S. 37) mit Digitonin kristallisiert nachweisen. Große Mengen erhält man an den Haaren und im Wollfett (Lanolin).

8. Die den Karotinen nahestehenden, gelben **Lipochrome** im Fett, in Epidermis und Kutis der Haut geben mit konzentrierter Schwefelsäure vorübergehende tiefblaue Färbung.

9. Glykogen, das tierische Reservekohlehydrat, in der intakten Zelle gelöst (z. B. Muskel- oder Leberzelle), wird am besten so nachgewiesen:

Frisches Gewebe oder Gefrierschnitte oder Schnitte, in absolutem Alkohol fixiert, kommen auf 10 Minuten in Lugolsche Lösung (2 g Kaliumjodid in 300 cm³ Wasser + 1 g Jod) und dann in absoluten Alkohol, dem auf 4 Teile 1 Teil 10proz. Jodtinktur zugesetzt ist. Das Glykogen erscheint als braunrote Körnchen (s. S. 34). Vergleichsgewebe, das vor der Behandlung mit Speichel versetzt wurde (die Diastase des Speichels spaltet Glykogen zu Zucker) zeigt keine Glykogenreaktion mehr. Zur Überprüfung der Reaktion sehr wichtig.

10. Das Tunizin, der Zellulosekörper aus dem Mantel der Seescheide, gibt mit Jodjodkali + konzentrierter Schwefelsäure (s. Zellulosereaktion S. 58) die typische tiefblaue Färbung.

c) Stickstoffhaltige Körper.

1. Eiweiß, die qualitativ und quantitativ vorherrschendste Substanz der Tierzellen, gibt alle bei den Pflanzen angegebenen (s. S. 41) Farbenreaktionen.

Speziell die Millonsche Reaktion auf Tyrosin und tyrosinhaltige Eiweißkörper ist manchmal gut anwendbar. So enthalten die Hornsubstanzen in der Epidermis der Haut sehr viel Tyrosin und geben auch noch im Leder tiefrote Färbung.

2. Hämin. Zum mikrochemischen Nachweis kleinster Blutmengen, auch auf Stoffgeweben, läßt sich die klassische Häminprobe sehr gut verwenden. Ein Bluttropfen wird eintrocknen gelassen, dann mit etwas Kochsalz verrieben, unter Deckglas mit Eisessig versetzt und der Objektträger über einer Mikroflamme ganz gelinde (höchstens bis zum ersten Aufwallen erwärmt), nochmals zum heißen Präparat Eisessig zufließen und abkühlen gelassen. Nach einiger Zeit entstehen schwarzblau schimmernde, rhomboedrische Kriställchen des salzsauren Hämatin. Dasselbe geht mit unveränderten Blutflecken auf Stoff.

3. Hämoglobin erhält man am leichtesten kristallisiert, wenn man zu Blut (am besten Pferde- oder Rattenblut) ein gleiches Volumen destillierten Wassers mit 2 Tropfen Äther hinzusetzt und bis zur Hämolyse tüchtig durchschüttelt. Ein Tropfen hiervon kommt auf den Objektträger unter Deckglas. Beim Eintrocknen bilden sich am Rande die Kristalle von Hämoglobin.

Das *Hämoglobin* läßt sich im Gewebe folgendermaßen erhalten und sichtbar machen: Das Gewebe wird in Formol nicht zu lange fixiert und Gefrierschnitte angefertigt. Diese werden in Wasser gewaschen und in einer Lösung von Benzidin und Perhydrol (kleine Messerspitze Benzidin in 2 cm^3 96proz. Alkohol gelöst + Gemisch von 0,5 cm^3 Perhydrol und 4,5 cm^3 70proz. Alkohol) 3 Minuten gefärbt, dann in 50proz. Alkohol und Wasser gewaschen. Erythrozyten und freies Hämoglobin sind dunkelblau gefärbt.

4. Purinkörper, diese für den Tierkörper so charakteristische Körperklasse, Harnsäure (besonders in Harn und Harnsteinen), Guanin, Xanthin, Hypoxanthin, Kreatin, Kreatinin usw. — geben im allgemeinen folgende Reaktionen:

Man behandelt die Schnitte mit ammoniakalischer (20proz.) Silbernitratlösung (1proz.), dabei werden die Purinkörper gefällt (Chloride und Phosphate sind in Lösung), mit destilliertem Wasser ausgewaschen und mit einem Tropfen des photographischen Hydrochinonentwicklers reduziert und dadurch geschwärzt.

Die Reaktion ist freilich nicht eindeutig, da auch manche andere Körper geschwärzt werden.

Im Harn gelingt der Nachweis der Harnsäure meist durch Zusatz eines Tröpfchens $\frac{n}{10}$ Salzsäure zu einem Tröpfchen Harn. Nach 24 Stunden findet man meist rhombische Kriställchen von Harnsäure.

In Epidermis und Kutis der Haut finden sich regelmäßig die Guanophoren (Interferenzzellen usw.) mit kristallinischen Guanineinschlüssen. Diese Guaninkriställchen erscheinen im polarisierten Licht doppeltbrechend und werden durch Säuren und Alkalien gelöst.

5. Harnstoff (im Harn, Nieren, aber auch im Blut, der Haut usw.) wird am einfachsten und empfindlichsten mit Xanthydrol (s. S. 42) nachgewiesen. Der Nachweis gelingt auch im Gewebe, wenn man diese in 6proz. Lösung von Xanthydrol in Eisessig durch 10 Stunden beläßt und mit Alkohol nachwäscht. Die Kristallaggregate von Dixanthylharnstoff liegen im Schnitt.

d) Gerüststoffe.

1. Chitin, die Gerüstsubstanz großer Tierklassen (Crustaceen, Insekten), wird so wie pflanzliches Chitin nachgewiesen (s. S. 60). Die in letzter Zeit geübte

Behandlung mit Diaphanol (Chlordioxydessigsäure) und Reaktion mit Chlorzinkjod bedingt unvermeidliche Fehler!

2. Hornsubstanzen (Horn, Schildpatt, Nägel, Haare usw.) lassen sich in Fragmenten, Pulver usw. an ihrem Schwefelgehalt (Keratin) erkennen. Man behandelt das durchfeuchtete Präparat mit Bromdampf (s. S. 25) und weist den zu Sulfat oxydierten Schwefel als Gips nach. Die Probe ist sicher und gibt das Reaktionsprodukt in größeren Mengen nur bei Keratinsubstanzen. Man kann die Keratinsubstanzen auch selektiv färben, indem man sie mit Gramscher Gentianaviolettlösung behandelt. 100 cm³ Wasser werden mit 5 cm³ Anilin geschüttelt und filtriert. Dazu kommen 11 cm³ konzentrierter alkoholischer Gentianaviolettlösung. In diese Lösung kommen Schnitte der Hornsubstanz auf 2 Minuten und werden dann in Salzsäurealkohol (5 : 1000) kurz gewaschen. Nur die Hornsubstanz bleibt tiefblau gefärbt.

e) Fermente.

1. Oxydasen und damit „Sauerstofforte" werden folgendermaßen nachgewiesen: Gefrierschnitte von frischem Gewebe oder Blutabstriche (für Leukozytenfärbung) in Formolalkohol (1 : 4) 2 Stunden fixiert, kommen in eine frische Mischung von gleichen Teilen einer α-Naphthol- (1 g in 100 cm³ Wasser erhitzt und so viel Natronlauge, bis alles gelöst) und einer Dimethyl-p-Phenylendiaminlösung (0,5 g in 250 cm³ destilliertem Wasser geschüttelt und 24 Stunden im Dunkeln oder in brauner Flasche stehengelassen). Die beiden Lösungen werden nach dem Mischen filtriert und die Schnitte 15 Minuten unter Umschütteln drinnen gelassen. Dann werden sie mit destilliertem Wasser abgespült und für 3 Minuten in verdünnte (1 : 2 destilliertes Wasser) Lugolsche Lösung (s. S. 67) übertragen. Schließlich kommen sie in destilliertes Wasser, dem einige Tropfen konzentrierte Lithiumkarbonatlösung zugesetzt wurden, für 24 Stunden. Die Oxydasegranula sind stark dunkelblau gefärbt (Naphtholblausynthese).

Zur Darstellung der Sauerstoff- und Reduktionsorte (oxydierende und reduzierende Eiweißkomplexe, weitere Schlüsse sind nicht stichhaltig) dient am besten die vereinfachte Unnasche Methode. Frische Gefrierschnitte kommen für 10 Minuten in eine 0,5proz. wäßrige Lösung von „Neutralviolett extra", werden in Leitungswasser abgespült, in 96proz. Alkohol differenziert und über Bergamottöl in Kanadabalsam übertragen. Blaue (reduzierende) und rote (oxydierende) Partien.

2. Dopareaktion beruht auf der Oxydation des 3,4 Dioxyphenylalanin (Dopa), das die Muttersubstanz des Melanins der Haut sein soll, durch ein oxydatives Ferment, die Dopaoxydase. Vor allem in frischen Schnitten der menschlichen Haut. Diese kommen in lauwarme Agarlösung, die beim Erkalten erstarrt und werden dann am Gefriermikrotom geschnitten. Möglichst dünne Schnitte kommen für 24 Stunden in eine 2proz. wäßrige Lösung von Dioxyphenylalanin bei Zimmertemperatur oder in dem Brutschrank. Dann wird in Wasser abgespült und über steigenden Alkohol und Xylol in Balsam eingebettet. Die Epidermiszellen sind gelbbraun oder schwarz gefärbt. *Tyrosinase* in niederen Tieren und Pflanzen verhält sich ähnlich.

Das im Tierkörper weitverbreitete, Glykoside spaltende *Emulsin* läßt sich mikrochemisch eindeutig durch Umkehrung der Blausäurereaktion (s. S. 54) nachweisen. Z. B. im Maikäferdarm.

3. Chromatinfärbung (Nuklealreaktion). Frische Schnitte werden 4 Minuten bei konstant 60° mit n-Salzsäure behandelt, abgespült und in entfärbter fuchsinschwefliger Säure (s. S. 36) im geschlossenen Gefäß eingetragen. Nun die Chromatinsubstanz färbt sich rot. Die Färbung beruht auf der Reaktion von Aldehydgruppen, die durch die Salzsäurebehandlung aus Kernbestandteilen reaktionsfähig werden.

4. Auch indirekt lassen sich *Fermente* durch Herauslösen für sie spezifischer Körper zum Nachweis dieser in Parallelpräparaten verwenden. Z. B. beim indirekten Glykogennachweis (s. S. 67).

Ebenso verwendbar ist die aus Milzpreßsaft mit Ammonsulfat gefällte und dialysiert gewonnene *Nuklease* zum Nachweis von Nukleinsäureverbindungen. Sie löst aus den Zellkernen, Spermatozoenköpfen usw. alle Chromatinsubstanz bis auf das Liningerüst weg, ebenso die Nißlschollen der Ganglienzellen. Verwendet wird alkoholfixiertes Material, das durch 48 Stunden bei 37^0 zur Nukleasewirkung angesetzt wird.

Auch Pepsin und Trypsinwirkung haben durch ihre spezifische, zum Teil antagonistische Wirkung aufklärend gewirkt.

Verwendet wird eine 0,5proz. Lösung von Pepsin und eine 0,3proz. Salzsäure zu gleichen Teilen gemischt und für Trypsin Pankreatinum sicc. dep. (Merck), von dem man in 100 cm^3 einer 0,3proz. wäßrigen Sodalösung 0,3 g löst. Zur Verhütung der Fäulnis setzt man 2 cm^3 Toluol zu und schüttelt gut durch. Verdaut wird durch 24 Stunden oder länger bei 37^0. Das Pankreatin wirkt nur am völlig entfetteten Präparat, weshalb die Objekte vorher in Äther entfettet werden. Vorher prüft man die Wirksamkeit des Pankreatin durch einen Probeversuch an Fibrin, das in wenigen Stunden völlig gelöst sein muß. Man muß von Zeit zu Zeit Präparate entnehmen und den Fortschritt der Verdauung verfolgen. Für die Verdauung am Schnitte müssen diese am Objektträger gut kleben, wozu die genaue Vorschrift (in Romeis § 777) eingesehen werde. Pepsin wirkt nur vorverdauend, Muzin und Fibrin werden von beiden, kollagene Fasern, die Nukleolen nur von Pepsin gelöst, die eigentlichen Eiweißkörper, Leim, elastisches Gewebe, Chromatin nur von Trypsin. Kohlehydrate, Fette, Keratin, Chitin, kollagenes und retikuläres Bindegewebe sind gegen Verdauung völlig resistent.

Besonders wertvoll ist, daß durch Verdauung mit Pepsinsalzsäure im Sarkoplasma von Herz-, Skelett- und glatten Muskelfasern an Eiweiß gekoppelte, nicht greifbare *Lipoide* durch Fettfärbung nachweisbar werden.

Literaturverzeichnis.

A. Im folgenden sei auf jene zusammenfassenden Werke, die der Mikrochemiker in besonderen Fällen zu Rate ziehen kann, ebenso auf die neuesten Originalarbeiten, soweit sie in den mikrochemischen Handbüchern noch nicht verarbeitet sind, hingewiesen:

BEHRENS, H., u. KLEY, P. D. C.: Mikrochemische Analyse, T. 1, Leipzig u. Hamburg 1915, T. 2, 1922. — CZAPEK, F.: Biochemie der Pflanzen, 2. Aufl., Bd. 1 1913, Bd. 2 1920, Bd. 3 1921. Jena. — DENIGÈS, G.: Fortschritte der Mikrochemie, S. 21. Wien: Deuticke 1928. — DONAU, J.: Die Arbeitsmethoden der Mikrochemie usw. Handb. d. mikrochem. Technik, herausgegeben von der Redaktion des „Mikrokosmos“, T. 9. Stuttgart: Franksche Verlagsbuchhandlung 1913/14. — EMICH, F. (1): Lehrbuch der Mikrochemie, 2. Aufl. München: J. F. Bergmann 1926; (2) Mikrochemisches Praktikum München: J. F. Bergmann 1924. — GRIEBEL und WEISS, F.: Mikrochemie V, S. 146, 1927. — HEITZ, E.: Der Nachweis der Chromosomen, Ztschr. f. Bot., Bd. 18, S. 625, 1926. — HERNDLHOFER, E., Mikrochemie V, 1, 1927. — HÖFLER, K.: Sitzungsber. d. Akad. d. Wiss. Wien, math.-naturw. Kl., Abt. I, Bd. 135, S. 103, 1926. — KLEIN, G. (1): Sitzungsber. d. Akad. d. Wiss. Wien, math.-naturw. Kl., Abt. I, Bd. 130, S. 296, 1921; (2) Naturwissenschaften, Bd. 13, S. 21, 1925; (3) Planta, Bd. 2, S. 497, 1926; (4) Histochemie im Dienste der Warenkunde, in GRAFES Handbuch der Warenkunde, Bd. 1. Stuttgart: Poeschel 1927; (5) Österr. botan. Ztschr. Bd. 76, S. 15, 1927; (6) Pflanzliche Histochemie in KLEIN, G., u. STREBINGER, R.: Fortschritte der Mikrochemie usw. Wien 1928; (7) Ein Mikroschmelzpunktsapparat. Zeitschr. f. wiss. Mikroskopie, 1929. — KLEIN, G., u. BARTOSCH, H., Österr. botan. Ztschr. (1) Bd. 77, S. 1, 1928; (2) Bd. 77, 1928. — KLEIN, G., u. HERNDLHOFER, E., Österr. botan. Ztschr. (1): Bd. 76, S. 89, 1927; (2) Bd. 76, S. 222, 1927; (3) Bd. 76, S. 229, 1927. — KLEIN, G., HERNDLHOFER, E., u. TRÖTHANDL, O.: Österr. botan. Ztschr., Bd. 77, S. 111, 1928. — KLEIN, G., u. LIMBERGER, A.: Bioch. Ztschr., Bd. 143, S. 473, 1923. — KLEIN, G., u. SONNLEITHNER, H., Österr. botan. Ztschr. (1) Bd. 76, S. 263, 1927; (2) Bd. 78, S. 3, 1929. — KLEIN, G., u. SCHILHAB, A., Österr. botan. Ztschr. (1) Bd. 77, S. 14, 1928: (2) Bd. 77, 1928. — KLEIN, G., u. STEINER, M.: Jahrb. f. wiss. Botan., Bd. 68, S. 602—710, 1928. — KLEIN, G., u. STREBINGER, R.: Fortschritte der Mikrochemie in ihren verschiedenen Anwendungsgebieten. Wien: Deuticke 1928 (dort die gesamte mikrochemische Literatur). — KLEIN, G., u. TAUBÖCK, K., Österr. botan. Ztschr., Bd. 76, S. 195, 1927. — KNOLL, Fr.: Österr. botan. Zeitschr., Bd. 71, S. 126, 1922. — KOFLER, L.: Die Saponine. Wien: Julius Springer 1927. — LEDITZNIG, L.: Pharm. Presse, H. 3, 1924. — MAYERHOFER, A.: Mikrochemie der Arzneimittel und Gifte. Wien u. Berlin 1923. — MOLISCH, H.: Mikrochemie der Pflanze, 3. Aufl. Jena 1923. — OHARA, R.: Denkschriften d. Akad. d. Wiss. Wien, math.-wissensch. Kl., Bd. 153, 1926. — PFEIFFER, H.: Der gegenwärtige Stand der kolorimetrischen Azidimetrie in der Gewebsphysiologie, Sammelreferat, Protoplasma, Bd. 1, S. 434, 1926. — ROSENTHALER, L.: Die chemische Analyse, Bd. 19 u. 20. Der Nachweis organischer Verbindungen. 2. Aufl. Stuttgart 1921. — SCHMIDT, W. I.: Anleitung zu polarisationsmikroskopischen Untersuchungen für Biologen. Bonn 1924. — STRASBURGER, E., u. KOERNICKE, M.: Das botanische Praktikum, 5. Aufl. Jena 1913. — TAUBÖCK, R.: Österr. bot. Ztschr., Bd. 76, S. 43, 1927. — TUNMANN, O.: Pflanzenmikrochemie. Berlin 1913. — WEHMER, C.: Die Pflanzenstoffe usw. Jena 1911. — WISSELINGH, C. VAN: Über die Anwendung der in der organischen Chemie gebräuchlichen Reaktionen bei der phytomikrochemischen Untersuchung. Folia Mikrobiologica, Bd. 3, H. 3, 1915.

B. An zusammenfassender Literatur über tierische Histochemie seien genannt:

KRAUSE, B.: Enzyklopädie der mikroskopischen Technik, 3. Aufl. 1926/27. — PATZELT, VIKTOR: Animale Histochemie in KLEIN, G., u. STREBINGER, K.: Fortschritte der Mikrochemie in ihren verschiedenen Anwendungsgebieten, S. 69—128. Deuticke 1928. — ROMEIS, B.: Taschenbuch der mikroskopischen Technik. München u. Berlin 1922.

Ergebnisse der Biologie

Herausgegeben von

K. v. Frisch-München, **R. Goldschmidt**-Berlin-Dahlem,
W. Ruhland-Leipzig, **H. Winterstein**-Breslau

Erster Band: Mit 130 zum Teil farbigen Abbildungen. VIII, 670 Seiten. 1926. RM 36.—; gebunden RM 38.40

Inhaltsübersicht:

Vergleichende Physiologie des Integuments der Wirbeltiere. 1. u. 2. Teil. Von Geheimrat Professor Dr. W. Biedermann-Jena. — Das Saftsteigen der Pflanzen. Von Privatdozent Dr. F. Bachmann-Leipzig. — Das Verhalten der Pflanzenzelle gegen Salze. Von Professor Dr. H. Kaho-Tartu (Dorpat). — Ammoniak, Nitrate und Nitrite als Stickstoffquellen für höhere Pflanzen. Von Professor Dr. D. N. Prianischnikow-Moskau. — Sozialpsychologie der Vögel. Von Professor Dr. D. Katz-Rostock. — Die Wanderungen der Vögel. Von Professor Dr. H. Wachs-Rostock.

Zweiter Band: Mit 177 Abbildungen. VI, 729 Seiten. 1927. RM 56.—; gebunden RM 58.—

Inhaltsübersicht:

Das Reizleitungsproblem bei den Pflanzen im Lichte neuerer Erfahrungen. Von Professor Dr. P. Stark-Breslau. — Die Blaauwsche Theorie des Phototropismus. Von Dr. L. Brauner-Jena. — Die Georeaktionen der Pflanze. Von Privatdozent Dr. W. Zimmermann-Tübingen. — Der Harnstoff im Haushalt der Pflanze und seine Beziehung zum Eiweiß. Von Professor Dr. A. Kiesel-Moskau. — Die Erscheinung der Heteroploidie, besonders im Pflanzenreich. Von Professor Dr. F. v. Wettstein-Göttingen. — Der Golgische Binnenapparat. Ergebnisse und Probleme. Von Dr. W. Jacobs-München. — Histochemie der quergestreiften Muskelfasern. Von Geheimrat Professor Dr. W. Biedermann-Jena. — Die Milz. Mit besonderer Berücksichtigung des vergleichenden Standpunktes. Von Professor Dr. E. v. Skramlik-Freiburg i. B. — Die zygotischen sexuellen Zwischenstufen und die Theorie der Geschlechtsbestimmung. Von Professor Dr. R. Goldschmidt-Berlin-Dahlem.

Dritter Band: Mit 147 Abbildungen. V, 577 Seiten. 1928. RM 48.—; gebunden RM 49.80

Inhaltsübersicht:

Erregungsspezifität und Erregungsresonanz. Grundzüge einer Theorie der motorischen Nerventätigkeit auf Grund spezifischer Zuordnung („Abstimmung") zwischen zentraler und peripherer Erregungsform (nach experimentellen Ergebnissen). Von Dr. P. Weiß-Wien. — Das Determinationsproblem. I. Das Nervensystem und die Sinnesorgane der Seitenlinie unter spezieller Berücksichtigung der Amphibien. Von Privatdozent Dr. O. Mangold-Berlin-Dahlem. — Die „Manoiloff-Reaktion". Ihre chemische und physiologische Begründung. Von Dr. E. Schratz-Berlin-Dahlem. — Das Halophytenproblem. Von Studienrat Dr. O. Stocker-Bremerhaven. — Vergleichende Physiologie des Integuments der Wirbeltiere. 3. Teil (Fortsetzung aus Band I). Von Geheimrat Professor Dr. W. Biedermann-Jena.

Vierter Band: Mit 293 zum Teil farbigen Abbildungen. VI, 717 Seiten. 1928. RM 66.—; gebunden RM 68.40

Inhaltsübersicht:

Ergebnisse der Symbioseforschung. 1. Teil: Die Übertragungseinrichtungen. Von Professor Dr. P. Buchner-Breslau. — Über Ertragsgesetze bei Pflanzen. Von Professor Dr. K. Boresch-Tetschen-Liebwerd. — Fortschritte der Chromosomentheorie der Vererbung. Von Dr. Curt Stern-Berlin-Dahlem. — Vergleichende Physiologie des Integuments der Wirbeltiere. 4. Teil. (Fortsetzung aus Band I und III.) Von Geheimrat Professor Dr. W. Biedermann-Jena.

GPSR Compliance

The European Union's (EU) General Product Safety Regulation (GPSR) is a set of rules that requires consumer products to be safe and our obligations to ensure this.

If you have any concerns about our products, you can contact us on ProductSafety@springernature.com

In case Publisher is established outside the EU, the EU authorized representative is:

Springer Nature Customer Service Center GmbH
Europaplatz 3
69115 Heidelberg, Germany

Batch number: 10683525

Printed by Printforce, the Netherlands